U0329733

电梯电气控制技术

主　编　王　星　龚　飞
副主编　王泽武
参　编　陶　金　张　超

北京理工大学出版社
BEIJING INSTITUTE OF TECHNOLOGY PRESS

内容简介

本书是为电梯工程技术专业量身定做的一本具有极强指导性、实用性和扩展性的学习材料。根据电梯行业最新安全技术规范、标准的要求，参考国家职业标准并结合电梯工程技术专业教学需要和教学大纲编写，系统地介绍了电梯基本控制功能、电梯常用低压电器和电气装置、电梯常用电动机及拖动系统、电梯常用电气控制系统、电梯电气系统常见故障的维修以及电梯电气故障诊断与排除。

本书可作为电梯专业学生教学用书，也可作为电梯工程技术人员培训教材。

图书在版编目（CIP）数据

电梯电气控制技术 / 王星，龚飞主编．—北京：北京理工大学出版社，2020.8
ISBN 978-7-5682-8855-2

Ⅰ.①电… Ⅱ.①王… ②龚… Ⅲ.①电梯-电气控制 Ⅳ.①TU857

中国版本图书馆 CIP 数据核字（2020）第 142405 号

出版发行 / 北京理工大学出版社有限责任公司
社　　址 / 北京市海淀区中关村南大街 5 号
邮　　编 / 100081
电　　话 /（010）68914775（总编室）
（010）82562903（教材售后服务热线）
（010）68948351（其他图书服务热线）
网　　址 / http：//www. bitpress. com. cn
经　　销 / 全国各地新华书店
印　　刷 / 三河市天利华印刷装订有限公司
开　　本 / 787 毫米 ×1092 毫米　1/16
印　　张 / 11
字　　数 / 275 千字
版　　次 / 2020 年 8 月第 1 版　2020 年 8 月第 1 次印刷
定　　价 / 53.00 元

责任编辑 / 张鑫星
文案编辑 / 张鑫星
责任校对 / 周瑞红
责任印制 / 施胜娟

图书出现印装质量问题，请拨打售后服务热线，本社负责调换

前言 Preface

随着我国社会主义市场经济的不断发展，作为建筑物的交通运输工具——电梯，在其总产量和保有量日益增长的同时，确保其能符合安全规范、投入正常运行的前提要素便日益突显。我国参与电梯生产、营销、安装、检验检测和维修保养的从业人员近千万。因此，近年来各职业院校纷纷开设电梯工程技术专业，为社会培养了大批的电梯从业人员。

本书是编者多年来从事电梯安装、检验、调试、维修技术培训工作的结晶。为了便于学生学习与领会，本书力求理论联系实际，由浅入深，循序渐进，图文并茂，以利于读者在较短的时间内熟悉和掌握电梯电气基本控制原理及常见电梯电气故障。

为了更好地提高电梯工程技术专业的教学质量，提高学生的就业能力，本书以电梯电气维修工技术要求为依据，坚持理论联系实际，紧密围绕培养目标，按应知、应会的要求，结合市场需求与实际教学情况编写。

本书在编写中注重体现以下几个方面：

坚持以能力为本位，重视实践能力的培养，突出职业教育特色。根据电梯工程技术专业毕业生所从事职业的实际需要，确定学生应具备的能力结构与知识结构。在保证学生具有必备的专业基础知识的同时，加强实践性教学内容，为培养学生的实际工作能力提供了条件。

在吸收和借鉴行业和其他职业院校教学改革的成功经验基础上，教材编写采用了理论知识与技能训练一体化的模式，使教材内容更加符合学生的认知规律，保证理论与实践的紧密结合。

根据科学技术发展对劳动者素质提出的新要求，在教材中充实新知识、新技术、新设备和新材料等方面的内容，使之具有时代特征，体现教材的先进性。贯彻国家关于职业资格证书与学业证书并重、职业资格证书制度与国家就业制度相衔接的政策精神，教材内容涵盖有关国家职业标准的知识、技能要求，确实保证毕业生达到培养目标。

本书由贵州装备制造职业学院王星、龚飞担任主编，王泽武担任副主编，王星编写了项目四、项目七的内容，王泽武编写了项目五、项目九的内容，陶金编写了项目一、项目六的内容，张超编写了项目二、项目八的内容，龚飞编写了项目三及其他剩余内容。

由于编者水平有限、经验不足，书中错误及不妥之处在所难免，希望广大读者、同行、师傅批评指正，读者意见可反馈至429545251@qq.com。

编　者

2019年5月

目录 Contents

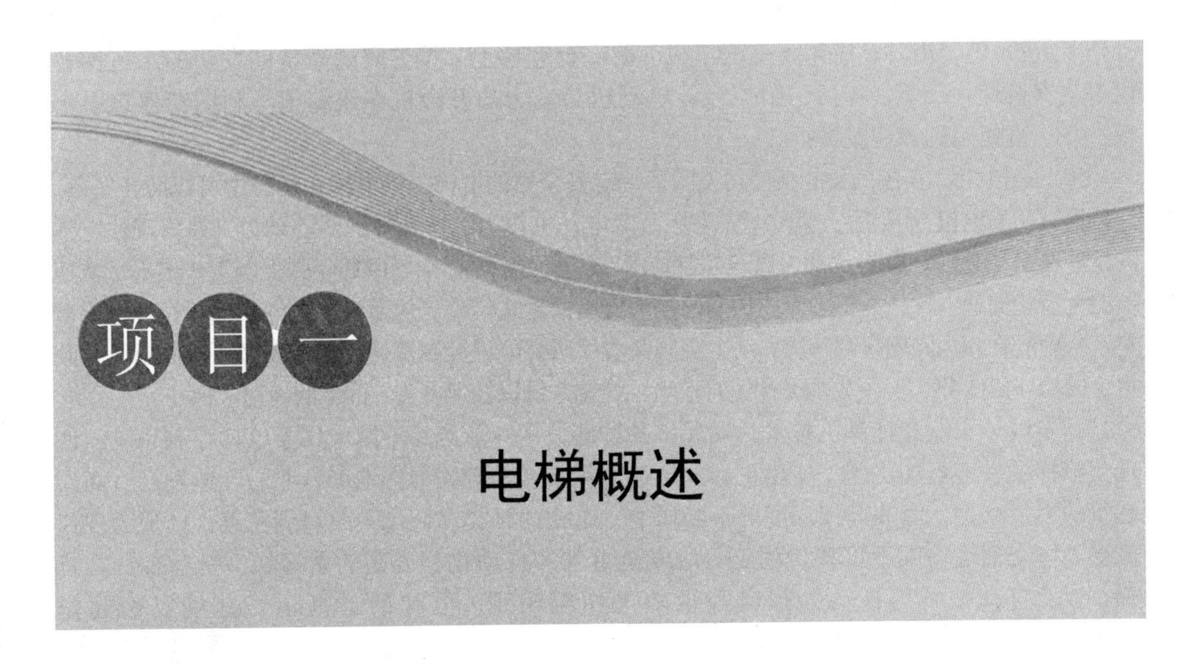

项目分析

本项目的主要任务是了解控制系统的概念及发展历史，掌握电梯的基本控制功能，为后续项目的基础。

建议学时

6～8 学时。

学习目标

(1) 了解电梯的发展历史。

(2) 了解电梯的功能与特点。

(3) 掌握电梯的基本控制功能。

任务一　电梯的种类、特点和用途

随着时代的发展，高层建筑的数量越来越多，电梯的需求量也随之增加。如今，电梯、自动扶梯、自动人行道等已成为各类建筑中必不可少的运载工具。

一、电梯的起源和发展

我国是四大文明古国之一，具有悠久的历史文化，许多现代设备都能在我国历史中找到其最初的形态，如算盘、指南针等。电梯也不例外，早在春秋战国时期，我们的祖先就已开始使用辘轳取井水，这与现代电梯的工作原理十分接近。而直到三百多年后，古希腊的学者阿基米德才发明了用人力驱动的卷筒式升降机。因此，我国可以说是世界上最早出现电梯这种提升设备的国家。

1785 年，瓦特改良了蒸汽机，开启了人类历史上的蒸汽时代。蒸汽机首次作为动力设备是在 1858 年，当时是应用于美国纽约市的一台客梯上。接着阿姆斯特朗发明的水压梯替代了蒸汽机梯，二十多年后，第一台以电动机为动力的升降机在纽约德马利斯特建筑中出现，并一直使用到该建筑被拆毁。

19 世纪中叶，美国的奥的斯公司发明了带有安全钳的电梯，该电梯在运行中可以防止坠落。法拉第发明发电机 50 年后，美国率先采用直流电动机作为电梯升降的驱动动力，并为现代电梯的发展奠定了基础。20 世纪初，电气控制技术广泛应用于电梯中。1903 年，美国生产出不带减速器的无齿轮高速电梯，并将卷筒式传动改进为曳引槽轮式传动，从而为今天的高层长行程电梯奠定了基础。在动力问题得到解决之后，美国又着手研究电气控制及速度调节等方面的问题，并获得了成功。1915 年，美国成功设计了自动平层控制系统以及速度为 6 m/s 的高速电梯。

随着电子工业和计算机技术的发展，各种新技术、新产品不断应用于电梯控制系统，使现代电梯的性能更加优越，使用更加方便。近年来，随着我国房地产行业的飞速发展，高层建筑的大量兴建，海底勘探深度的不断增加，电梯的种类和性能不断得到完善，已成为现代高层立体交通运输中不可替代的工具。安全可靠和自动化程度高的乘客梯、货运梯、客货梯，以及自动扶梯、自动人行道等也随之相继出现。电梯的最高运行速度已经超过了10 m/s。

如今，在 30 层以上的商用大楼中，为了提高电梯的利用率，不但要设置多部电梯，而且要对其进行分层区设置。低层区设自动扶梯和低层区电梯，它们与区间电梯和中央直达电梯配合运输；中高层区设区间电梯和中央直达电梯。此外，通常还需设置专用的货运电梯。

电梯的确切定义是：用电力拖动，具有乘客或载货轿厢，轿厢运行于铅垂的或与铅垂方向倾斜不大于 15°角的两列刚性导轨之间，运送乘客或货物的固定设备。通俗地说，电梯是服务于规定楼层间的固定式升降设备。

图 1－1　电梯的外观

随着社会的发展，人们的生活水平不断提高，在乘坐电梯时，更加注重其舒适感及安全性。这个问题随着大功率电子元件及计算机等新技术的广泛应用，已得到良好解决。目前，人们关注的焦点在于改善自动扶梯周围的环境，即在电梯轿厢顶及轿厢壁添加图案、闭路电视和新闻广播等，以减轻封闭环境给人带来的压抑与烦躁感。图 1－1 所示为电梯的外观。

21 世纪的建筑大多是多用途、全功能的塔式建筑，集住宅、购物中心、办公室、学校、娱乐场所、体育中心、文化艺术中心、铁路终点于一体。此外，也可以是垂直航空港的终端，因为未来的空运业务将会大大地增长，而航空港既拥有自动化高速行李输送系统，也有高效的人员输送设备。总之，作为垂直输送工具的电梯所起的作用将日益显著。此外，这些建筑物的外面一般都设有双层轿厢的观光电梯。

日本曾设想建造一座 1 000 m 高的超高层和大深度的包括地下和海底的建筑，每层有住宅、公园和公路等，相当于一座垂直的中等城市。电梯在这种高度提升时，容易使轿厢在钢丝绳的牵引下产生纵向振动。按规范的安全系数计算，钢丝绳拉伸承受自重的极限高度约为1 000 m。因此，未来的超高层建筑中必然采用无钢丝绳电梯，这种电梯要由用高温超导材料制成的直线电动机驱动。直线电动机的线圈一般装在井道内，同时在轿厢外装有高性能永磁材料，运行时有如磁悬浮列车一样，采用无线电波或光控技术控制，无须控制电缆。由于在1 000 m高的超高层建筑的一个井道中一般有多个轿厢，因此需要像地铁一样要有调度控制。

为了适应高层建筑多用途、全功能的需要，智能大厦的概念应运而生。智能大厦要求大厦的主要垂直交通工具——电梯智能化。智能电梯就是利用推理和模糊逻辑，采用专家系统方法制定规则，并对选定规则做进一步处理，以确定最佳的运行状态。同时，能够及时向乘客通报该电梯的运行信息，以满足乘客生理和心理的要求，从而实现高效的垂直输送。一般智能电梯均采用多微机控制系统，并与维修、消防、公安、电信等众多的服务部门联网，满足节能、安全、环保的需求，并实现无人化管理。

二、电梯的组成

从工程角度来看，电梯的组成可分为土建部分、机械部分和电气部分。但在电梯的维护、维修时，则通常把电梯分为机房、井道、层站、轿厢和对重等几大部分。

1. 土建部分

土建部分一般都与整个建筑连成一体，主要包括机房、井道、底坑和各个层站。

2. 机械部分

机械部分由动力传动、曳引机械、引导导轨、轿厢、对重及机械安全保护装置等组成。

3. 电气部分

电气部分由电力拖动、自动控制系统，以及各种电气安全触点、安全开关和安全电路等组成。

三、电梯的分类

1. 按运行速度分类

电梯按运行速度的不同可分为低速电梯、快速电梯、高速电梯、超高速电梯和特高速电梯。其中，低速电梯的运行速度一般不超过1 m/s，快速电梯的运行速度一般为1～2 m/s，高速电梯的运行速度一般为2～4 m/s，超高速电梯的运行速度一般为4～9 m/s，特高速电梯的运行速度一般不小于9 m/s。

2. 按信号处理方法分类

电梯按信号处理方法的不同一般可分为继电器控制电梯、可编程序控制器（PLC）控制电梯和单板机控制电梯，分别介绍如下。

继电器控制电梯：用继电器逻辑电路实现各种信号处理功能的电梯。

可编程序控制器（PLC）控制电梯：用软件实现各种控制功能的电梯。

单板机控制电梯：以专用单片微机为核心、用系统程序实现调速和信号处理的电梯。

3. 按曳引机结构分类

电梯按曳引机结构的不同一般可分为有齿曳引机电梯和无齿曳引机电梯，分别介绍如下。

有齿曳引机电梯：有减速齿轮箱传动机构的电梯。

无齿曳引机电梯：不用齿轮减速而由电动机直接拖动曳引轮转动的电梯。

4. 按操纵方式分类

电梯按操纵方式的不同一般可分为有司机手柄开关操纵电梯、有司机或无司机按钮控制电梯、简易自动控制电梯、集选自动控制电梯、群控电梯等。

5. 按驱动方式分类

电梯按驱动方式的不同一般可分为钢丝绳曳引轮驱动电梯、铜丝绳卷筒驱动电梯、液压驱动电梯、螺杆驱动电梯、齿轮齿条驱动电梯、链轮链条驱动电梯等。

6. 按曳引机组分类

电梯按曳引机组的不同一般可分为有交流单速机组电梯、交流多速机组电梯、交流调速机组电梯、调压调频（WF）无齿轮机组电梯、调压调频齿轮变速机组电梯、直流调压无齿轮机组电梯等。

7. 按用途分类

电梯按用途的不同一般可分为以下几种。

（1）乘客电梯：运送乘客的电梯。

（2）住宅电梯：供住宅楼使用的电梯，额定载重量一般小于 1 000 kg。

（3）观光电梯：轿厢壁透明，供乘客观光的电梯。

（4）斜运电梯：于地下火车站和山坡等处倾斜安装，轿厢运行为倾斜直线上下。

（5）座椅电梯：人坐在由电动机驱动的椅子上，控制椅子手柄上的按钮，使椅子下部的动力装置驱动椅子沿楼梯扶梯的导轨上下运动。

（6）特殊电梯：特殊工作环境下使用的电梯，如有防爆、耐热、防腐等特殊用途的电梯。

（7）杂物电梯：又称服务电梯，供图书馆、办公楼、饭店等运送图书、文件、食品等，但不允许载人。

（8）汽车电梯：装运汽车的电梯。

（9）运机电梯：能将地下机库中几十吨到上百吨重的飞机垂直运送到飞机场跑道上。

（10）冷库电梯：冷库或制冷车间中运送冷冻货物的电梯，需要满足门扇、导轨等活动处冰封、浸水要求。

（11）滑道货运电梯：常在建筑物内配置，是与建筑物内人行走道路平行的运送货物的电梯。曲线的滑道将轿厢送到高出地面 1 m 的电梯平台出口。

（12）病床电梯：为运送病床而设计的电梯。

（13）建筑施工电梯：运送建筑施工人员及材料的电梯，随施工中的建筑物层数的增高而加高。

（14）船用电梯：船舶上所用的电梯。

（15）消防电梯：在发生火灾的情况下，用来运送消防人员、被救人员或消防器材等的电梯。

（16）矿井电梯：供矿井内运送人员及货物的电梯。

（17）门吊电梯：装在大型门式起重机的门腿中，是运送在门电动机中的工作人员及检修机件等的电梯。

四、电梯的常用名词术语

电梯的常用名词术语如下。

（1）层站：各楼层用于乘客出入轿厢的地点。

（2）基站：轿厢未投入运行指令时停靠的层站，一般位于大厅或底层端站乘客最多的地方。

（3）平层：在平层区域内，使轿厢地坎与层门地坎达到同一平面的运动。

（4）平层准确度：轿厢到站停靠后，轿厢地坎上平面与层门地坎上平面之间垂直方向的偏差值。

（5）顶层端站：最高的轿厢停靠站（一般称上端站）。

（6）底层端站：最低的轿厢停靠站（一般称下端站）。

（7）提升高度：从底层端站到顶层端站楼面之间的垂直距离。

（8）平层区：轿厢停靠站上方或下方的一段有限区域，在此区域内可用平层装置使轿厢运行达到平层要求。

（9）乘客人数：电梯设计时限定的最多乘客（包括司机在内）。

（10）安全触板：在轿门关闭过程中，当有乘客或障碍物触及时，使轿门重新打开的机械保护装置。

（11）电梯司机：经过专门训练、考核，持有特种设备安全监察机构颁发的《特种设备操作人员资格证》的授权操纵电梯的人员。

（12）自动门：依靠动力开关的轿厢门和层门。

（13）层门：设置在层站入口的门。

（14）轿厢门：设置在轿厢入口的门。

（15）操纵箱：设置在轿厢内用开关、按钮操纵轿厢运行的装置。

（16）地坎：轿厢或层门入口处出入轿厢的带槽金属踏板。

（17）超载装置：当轿厢超过额定载重量时，发出警报并使轿厢不能运行的安全装置。

（18）底坑：底层端站地坎以下的井道部分。

（19）手动门：用人力开关的轿厢门和层门。

任务二 电梯的基本结构、主要参数及性能要求

如图 1－2 所示，电梯是由机房、井道、轿厢和层站 4 部分组成的，并将驱动、吊挂装置、轿厢、导向装置、电力拖动装置、门和各种安全装置安装于这 4 个空间之内的提升运输设备。不同规格型号的电梯，其组成部件也不尽相同。图 1－3 所示为电梯各部件安装位置示意，图 1－4 所示为无机房电梯的构造。

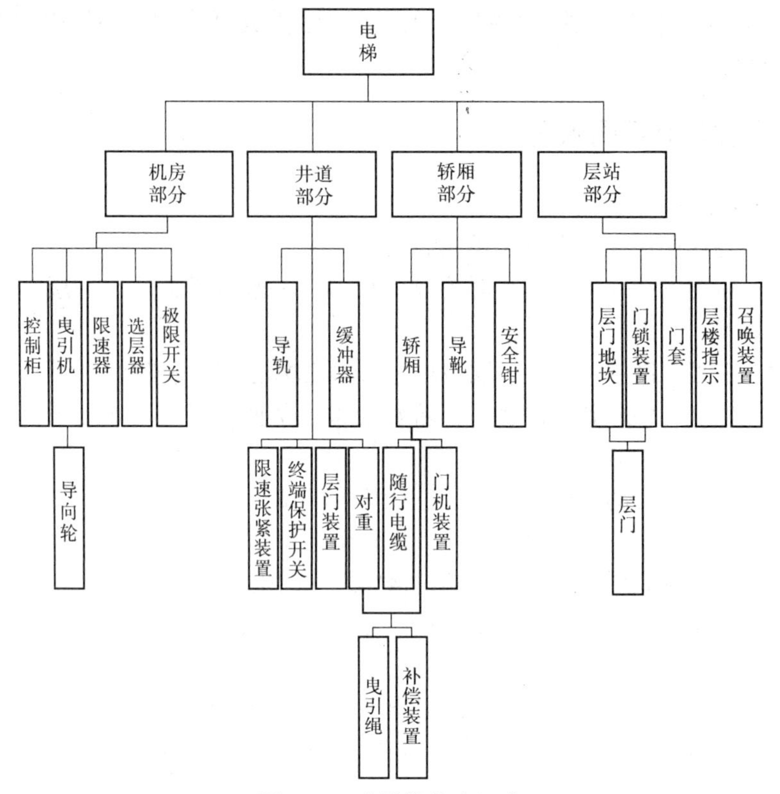

图 1－2　电梯的基本组成

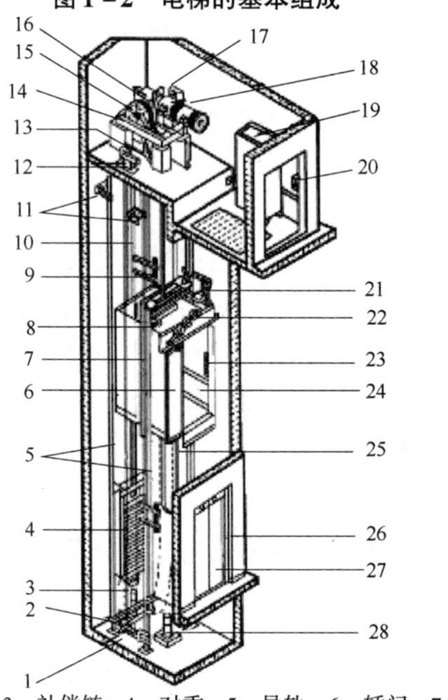

1—张紧装置；2—补偿链导轮；3—补偿链；4—对重；5—导轨；6—轿门；7—轿架；8—紧急终端开关；9—开关碰铁；10—曳引钢丝绳；11—导轨支架；12—限速器；13—导向轮；14—曳引机底座；15—曳引轮；16—减速箱；17—抱闸；18—曳引电动机；19—控制柜；20—电源开关；21—井道传感器；22—开门机；23—轿内操纵盘；24—轿壁；25—随行电缆；26—呼梯盒；27—厅门；28—缓冲器

图 1－3　电梯各部件安装位置示意

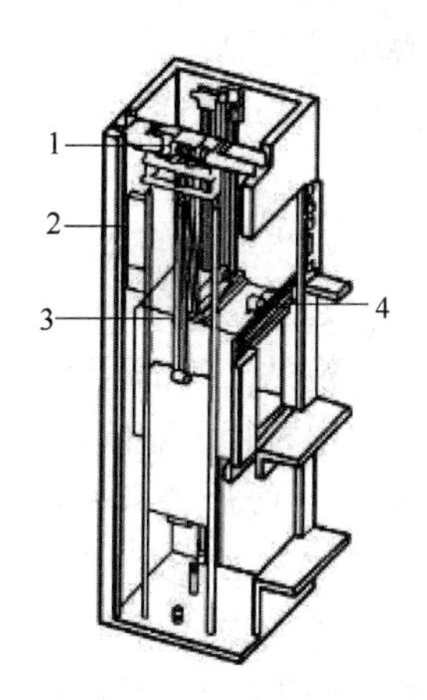

1—小型动电动机；2—控制器；3—复合钢带；4—门电动机

图 1－4　无机房电梯的构造

一、电梯的基本结构

电梯的基本结构包括机械结构、电气控制系统和安全装置。

1. 机械结构

机械结构由曳引系统、导向系统、轿厢和质量平衡系统以及门系统组成。

2. 电气控制系统

电气控制系统由电力拖动、拖动控制、信号传输与处理以及照明通风等装置组成。

3. 安全装置

安全装置分为机械、电气和机电综合式 3 种，主要由超速保护系统、防越位的终端限位保护系统、防坠落剪切的门联锁保护系统、防冲顶蹾底的超过载保护系统、制动系统、接地接零保护系统、紧急救护系统等组成。

二、电梯的主要参数

（1）额定载重量。额定载重量是指制造和设计时规定的电梯载重量。对于客用电梯，还有轿厢乘客人数的限定（包括电梯司机在内）。

（2）额定速度。额定速度是指制造和设计时所规定的电梯运行速度。

（3）轿厢尺寸。轿厢尺寸是指轿厢内部宽、深、高的具体尺寸。

（4）门的形式。门的形式有封闭中分门、双折门、旁开式双折门或三扇门、贯通门、栅栏门、自动门和手动门等。

（5）开门宽度。开门宽度是指轿厢门和层门完全开启后的净宽。

（6）层站数量。层站数量是指建筑物内各楼层用于出入轿厢的地点数量。

（7）提升高度。提升高度是指从底层端站楼面至顶层端站楼面之间的垂直距离。

（8）顶层高度。顶层高度是指由顶层端站楼面至机房楼板或隔层板下最突出构件的垂直距离，它与电梯的额定速度有关。一般地，梯速越快，顶层高度就越高。

（9）底坑深度。底坑深度是指由底层端站楼面至井道底平面之间的垂直距离，它同样与梯速有关。一般地，速度越快，底坑就越深。

（10）井道总高度。井道总高度是指由井道底坑平面至机房楼板或隔层（滑轮间）楼板之间的垂直距离。

电梯在垂直运行的过程中既有起点站也有终点站，对于三层以上建筑物内的电梯来说，其起点站和终点站之间还设有停靠站。起点站一般设在一层，常被称为基站，终点站设在最高层。起点站和终点站称为两端站，两端站之间的停靠站称为中间层站。各层站的层门外设有召唤箱，召唤箱上设置有供乘客召唤电梯用的召唤按钮。电梯两端站的召唤箱上一般只设置一个召唤按钮，中间层站的召唤箱上一般设置两个按钮。对于下集选、无司机控制的电梯，各层站的召唤箱上均设置一个召唤按钮。电梯（杂物电梯除外）的轿厢内都设置有操纵箱，操纵箱上设置有手柄开关或与层站对应的按钮，供司机或乘客控制电梯上、下运行。召唤箱上的按钮称为层外指令按钮，操纵箱上的按钮称为轿内指令按钮（又称为选层按钮）。层外指令按钮发出的信号称为层外指令信号，轿内选层按钮发出的信号称为轿内指令信号。

作为电梯基站的厅外召唤箱，除设置一个召唤按钮外，还应设置一个钥匙开关，以便上下班时启用或关停电梯。司机或管理人员把电梯开到基站后，可以通过专用钥匙关闭电梯的层轿门。

三、电梯的性能要求

电梯是服务于建筑物的运输设备，为满足这一特定工作条件的需要，电梯必须具有相应的性能。维护电梯的目的是使电梯经常保持其应有的性能以保证其能安全、可靠、快捷地为乘客服务。电梯的主要性能要求包括安全性、可靠性、平层精度和舒适性。

1. 安全性

安全性是电梯最重要的性能，是由电梯的使用性质所决定的，也是电梯的设计、制造、安装、调试和试验等环节，以及使用管理和维护过程中必须确保的重要指标。为此，对于电梯的重要部件，在设计和制造时，应采取比较大的安全系数（一般为10～12）。同时，针对电梯的工作特点，还需设置相应的安全保护装置。此外，需要定期对电梯进行全面维护和定期检修。这一点，在后面电梯维护中还将详细阐述。

2. 可靠性

可靠性是反映电梯技术先进程度和制造、安装精度的一项指标，主要体现在运行中的故障率上。故障率高，说明可靠性差。人们总希望电梯投入使用后，能够可靠地运行。但是，如果电梯的零部件加工制造材质差、精度低，电气控制元件质量不稳定或控制技术有一定的局限性，那么其整体性能就很难达到人们对可靠性的要求。

3. 平层精度

电梯的平层精度是指轿厢到站停靠后，其地坎上平面与层门地坎上平面垂直方向的误差值。误差值的大小与电梯的运行速度、制动距离、制动力矩、拖动性能及轿厢的负载情况有关。各类不同速度的轿厢平层精度，在电梯运行中应通过调整达到规定的数值。

对平层精度的检测应分别使轿厢空载和满载上、下运行到同一层站进行测量，且取其误差最大值作为该层站的平层精度。

4. 舒适性

舒适性是乘客在乘梯时最为敏感的，它也是电梯多项性能指标的综合反映，与电梯起动、制动阶段的运行速度、平稳性、噪声及轿厢内的装饰有着密切的关系。为了保证电梯的舒适性，应采取如下措施。

1）控制电梯运行的加速度

电梯在运行过程中，存在着频繁的起动、制动过程。由于轿厢是在垂直方向上、下运行的，为了避免加速度过大使人感到身体不适，应在确保安全、快速的前提下对加速度予以适当的控制。按照《电梯技术条件》（GB/T 10058—2009）的规定，电梯的起动、制动应平稳、迅速，且加速度的最大值不超过1.5 m/s^2。为了保证电梯的工作效率，同时对加速度的最小值也做了相应的限制，即快速电梯的平均加速度不小于0.5 m/s^2；高速电梯的平均加速度不小于0.7 m/s^2。随着科学技术的不断发展，现代电梯的运行效率得到了很大提高，舒适性也有了明显的改善。例如，采用VVVF控制的电梯，通过电流和速度信号的反馈，由计算机对电动机转速进行精确调节与控制，能够使电梯起动时的电源频率从极低值开始按要求逐渐上升到额定频率，从而使转速能够从零平滑地上升到额定值；在电梯停站前，电源频率又从额定频率按要求下降，使转速平滑地下降到零，从而保证电梯的平稳停层和良好的舒适性。

2）控制电梯运行中的振动

为使电梯乘坐舒适，必须控制电梯运行中的振动，尤其是乘客电梯和病床电梯。此外，电梯运行的平稳性与其拖动系统和导向系统的制造、安装精度和维护有密切关系。这就要求维修人员和电梯管理人员密切注意轿厢运行状态，当电梯出现振动和异常现象时，维修人员应及时查找原因并迅速解决，以保证电梯的平稳运行。

3）注意日常检查和定期维护

电梯在运行中，其机械系统出现撞击、摩擦、产生异常响声或电气设备发出噪声等都会影响乘坐电梯的安全舒适感。因此，应通过日常检查和定期维护保持电梯良好的工作状态。对乘客电梯和医用电梯来说，应将总噪声级控制在以下规定范围内：轿厢内在运行时不大于55 dB（A）；自动门电动机构开、关门过程不大于65 dB（A）；机房（含发电机房）非峰值时不大于80 dB（A）。

4）进行必要的装饰

乘客电梯轿厢和厅门处可配置与建筑物的功能和周围环境相协调的必要装饰，增加舒适性。

任务三　自动控制系统及其发展

一、自动控制系统

自动控制系统是指在无人直接参与下，生产或其他过程按期望规律或预定程序进行的控制系统。自动控制系统简称自控系统，是实现自动化的主要手段。

1. 自动控制系统的组成

自动控制系统主要由控制器、被控对象、执行机构和变送器 4 部分组成。

2. 自动控制系统的分类

按控制原理的不同，可将自动控制系统分为开环控制系统和闭环控制系统。

1）开环控制系统

在开环控制系统中，系统输出只受输入的控制，控制精度和抗干扰性都比较差。由于开环控制系统的控制是按时序进行的逻辑控制，因此又称为顺序控制系统，主要由顺序控制装置、检测元件、执行机构和被控对象所组成，广泛应用于机械、化工、物料装卸运输等过程以及机械手和自动生产线的控制。

2）闭环控制系统

闭环控制系统又称反馈控制系统，它是在反馈原理基础上建立的，利用输出值同期望值的偏差对系统进行控制，从而拥有比较好的控制性能。

3. 自动控制系统的应用领域

目前，自动控制系统已广泛应用于人类社会的各个领域。在工业方面，对于冶金、化工、机械制造等生产过程中遇到的各种物理量，包括温度、流量、压力、厚度、张力、速度、位置、频率、相位等，都有相应的控制系统。在此基础上，通过采用数字计算机还可建立控制性能更好和自动化程度更高的数字控制系统，以及具有控制与管理双重功能的过程控制系统。在农业方面，自动控制系统的应用实例有水位自动控制系统、农业机械的自动操作系统等。在军事技术方面，自动控制系统的应用实例有各种类型的伺服系统、火力控制系统、制导与控制系统等。在航天、航空和航海方面，自动控制系统的应用实例有导航系统、遥控系统和各种仿真器。此外，在办公室自动化、图书管理 、交通管理乃至日常家务方面，自动控制系统也都有实际的应用。随着控制理论和控制技术的发展，自动控制系统的应用领域还在不断扩大，几乎涉及生物、医学、生态、经济等所有领域。

二、自动控制系统的发展

自 20 世纪 90 年代以来，我国工业自动控制系统装置制造行业取得了长足的发展，行业产量一直保持在年增长 20% 以上。2011 年，中国工业自动控制系统装置制造行业全年工业总产值 2 056. 04 亿元；产品销售收入 1 996. 73 亿元，同比增长 24. 66%；实现利润总额 202. 84 亿元，同比增长 28. 74%。国产自动控制系统相继在火电、化肥、炼油领域取得了新突破。

我国的工业自动控制系统的市场主体主要由软硬件制造商、系统集成商、产品分销商等组成。在软硬件产品领域，中高端市场几乎被国外的产品垄断，且此种局面将在很长一段时间继续维持下去；在系统集成领域，跨国公司占据制造业的领导地位。

曾经，工业自动控制系统市场的供应和需求之间存在错位，即客户需要的是完整的能满足自身制造工艺的电气控制系统，而供应商提供的却是各种标准化器件产品。这种供需之间的矛盾为工业自动控制系统装置制造行业提供了发展空间。

我国拥有世界最大的工业自动控制系统装置市场，传统工业技术改造、工厂自动化、企业信息化等都需要用到工业自动控制系统，前景十分广阔。目前，工业控制自动化技术正在向智能化、网络化和集成化方向发展。

随着工业自动控制系统装置制造行业竞争的不断加剧，以及大型工业自动控制系统装置制造企业间并购整合与资本运作日趋频繁，国内优秀的工业自动控制系统装置制造企业越来越重视对行业市场的研究，特别是对产业发展环境和产品购买者的深入研究。

任务四　电梯常用功能介绍

一、电梯安全运行的条件

任何类型或是任何控制形式的电梯，在输送乘客（或货物）向上（或向下）运行时，都要安全可靠地运行，因此它必须满足以下条件：

（1）必须把电梯的轿厢门和各个层站的电梯层门全部关闭好。这是电梯安全运行的关键，是避免乘客或司机发生坠落或其他危险的最基本条件。

（2）必须要有确定的电梯运行方向（上行或下行）。这是电梯运行的最基本任务，即把乘客送上（或送下）至需要停靠的层站。

（3）电梯系统的所有机械及电气安全保护系统必须有效而可靠。这是确保电梯设备和乘客人身安全的基本条件。

二、电梯基本控制功能

1. 电梯必备功能

1）全集选控制

电梯在自动状态或司机状态的运行过程中，在响应轿内指令信号的同时，自动响应上（或下）召唤按钮信号，任何层站的乘客都可通过登记上（或下）召唤信号召唤电梯。

2）检修运行

检修运行是在检修或调试电梯时使用的操作功能。当符合运行条件时，按上行或下行按钮可使电梯以检修速度点动向上或向下运行。持续按下按钮，电梯保持运行，松开按钮即停止运行。

3）慢速自救运行

当电梯处于非检修状态下且未停在平层区时，只要符合起动的安全要求，电梯将自动以慢速运行至平层区，同时打开轿厢门。

4）测试运行

测试运行是为测试新电梯而设计的功能。在主板上将参数设置为测试运行时，电梯就会自动运行。自动运行的总次数和每次运行的间隔时间都可通过参数设置。

5）时钟控制

系统内部有实时时钟，因此故障记录可记下每次发生故障的确切时间；另外，还可以精确确定在什么时间开通哪些功能。

6）保持开门时间的自动控制

当无司机运行时，电梯到站自动开门后，延时若干时间自动关门。如果停靠该层时无召唤信号登记，则延时 3 s；如果有召唤信号登记，则延时 3 s（缺省值，可在参数中设置）。

7）本层厅外开门

当电梯停靠本层按下召唤按钮，轿厢门将自动打开。如果按住按钮不放，则轿厢门将一直保持打开。

8）关门按钮提前关门

自动状态下，在保持开门的状态时，可以按关门按钮使轿厢门立即响应关门动作，提前关门。

9）开门按钮开门

当电梯停在开门区时，可以在轿厢中按开门按钮使电梯已经关闭或正在关闭的门重新打开。

10）重复开门

如果电梯持续关门 15 s 后，尚未使门锁闭合，则电梯就会转换成开门状态。

11）换站停靠

如果电梯持续开门 15 s 后，开门限位尚未动作，则电梯就会变成关门状态，并在关闭后响应下一个召唤和指令。

12）错误指令取消

乘客按下的指令按钮被响应后，如果发现指令与实际要求不符，则可在指令登记后连续按 2 次错误指令的按钮取消该登记信号。

13）反向时自动消除指令

当电梯到达两端层站将要反向时，将消除原来所有登记的指令。

14）直接停靠

系统采用模拟量控制时电梯完全按照距离原则减速，平层时无任何爬行。

15）满载直驶

在自动无司机运行状态下，当轿内满载时（一般为额定负载的 80%），电梯不响应经过的召唤信号而只响应指令信号。

16）待梯时轿内照明、风扇自动断电

如果电梯无指令和外召唤登记超过 5 min（缺省值，可通过参数调整），则轿厢内照明、风扇将自动断电。在接到指令或召唤信号后，自动重新上电投入使用。

17）自动返基站

无司机运行时，如果设定自动返基站功能有效，当无指令和召唤时，电梯在一定时间（此时间可通过参数设置）延迟后自动返回基站。

18）液晶显示界面操作

某些电梯在主板上装有液晶显示及操作面板，它能显示电梯的速度、方向和状态，还可以查询电梯故障记录等。

19）模拟量速度给定

通过模拟量速度给定电梯可自行产生速度曲线，并采用距离原则减速，实现直接停靠，提高电梯运行效率。

20）数字量速度给定

对于无模拟量控制的变频器可通过数字量速度给定来控制电梯的运行速度，其优点是抗干扰能力强。

21）故障历史记录

可记录 20 条最近的故障，包括发生时间、楼层、故障代码。

22）井道层站数据自学习

在电梯正式运行前，起动系统的井道学习功能能够学习井道内的各种数据（层高、保护开关位置、减速开关位置等），并永久保存。

23）服务层的任意设置

通过手持结操作器可以任意设置电梯在哪些层站停靠，在哪些层站不停靠。

24）多种层站显示字符的任意设定

通过手持结操作器可以任意设置每一层站显示的字符，如设置地下一层显示“B1”等。

25）司机操作

通过拨动操作箱开关可以选择司机操作。当司机操作时，电梯没有自动关门功能，而是在司机持续按关门按钮的条件下进行的。同时，司机操作还具有定向直驶功能。其他功能和无司机操作没有什么区别。

26）独立运行

独立运行即专用运行，此时电梯不接受外召唤登记，也没有自动关门，其操作方式同司机操作相似。

27）点阵式层站显示器

系统厅外和轿内一般都采用点阵式层站显示器，显示的字符丰富、生动、美观。

28）运行方向的滚动显示

厅外和轿内的层站显示器在电梯运行时都采用滚动的方式显示运行方向。

29）层站位置信号的自动修正

系统运行时，在每个终端开关动作点和每层站平层开关动作点都对电梯的位置信号以自学习时得到的位置数据进行修正。

30）锁梯服务

电梯在自动运行状态下，当锁梯开关被置位后，会消除所有召唤登记。此时，电梯仍正常运行，但只响应轿内指令直至没有指令登记。而后返回基站，自动开门后关闭轿内照明和风扇，点亮开门按钮，在延时 10 s 后自动关门，停止电梯运行。当锁梯开关被复位后电梯重新开始正常运行。

31）门区外不能开门保护措施

为安全起见，在门区外，系统设定不能开门。

32）门光幕保护

每台电梯都配有门光幕保护装置，当两扇轿门的中间有东西阻挡时，光幕保护动作，电梯就会开门，但在消防操作时不起作用。

33）超载保护措施

当超载开关动作时，电梯不关门且蜂鸣器鸣响。

34）轻载防捣乱功能

当配备有轻载开关时，轻载开关动作，轿厢指令数超过设定值（此数值可通过参数调整），系统将消除所有指令。

35）逆向运行保护

当系统检测到电梯连续3 s运行的方向与指令方向不一致时，就会立即紧急停车，并发出故障警报。

36）防打滑保护（运行时间限制器）

电梯在非检修状态的运行过程中，如果连续运行了运行时间限制器规定的时间（最大45 s），且在这期间没有平层开关动作过，系统判定为出现钢丝绳打滑故障，因此会立即停止轿厢运行，直到断电复位或转到检修状态时，才能恢复正常运行。

37）防溜车保护

系统检测到电梯平层后，连续3 s有反馈脉冲产生，就判定电梯发生溜车，因此会立即发出故障警报，并在有故障时防止电梯运行。

38）防终端越程保护

电梯的上下终端都装有终端减速开关、终端限位开关和终端极限开关，以保证电梯不会超越行程。

39）安全接触器、继电器触点检测保护

系统检测安全继电器、接触器触点是否可靠动作，当发现触点的动作和线圈的驱动状态不一致时，将停止轿厢运行，直到断电复位才能恢复正常运行。

40）调速器故障保护

系统一旦收到调速器故障信号就会紧急停车，并在有故障时防止电梯运行。

41）主控 CPU WDT 保护

主控板上设有 CPU WDT 保护，当检测到 CPU 故障或程序有故障时，WDT 回路强行使主控制器输出点关闭，并使 CPU 复位。

2. 选配功能

1）提前开门

提前开门功能是指电梯在每次平层过程中，当到达提前开门区（一般在平层位置的上下75 mm内），而且速度小于0.3 m/s时，就提前开门，可提高电梯的运行效率。

2）开门再平层

当电梯楼层较高时，由于钢丝绳的伸缩，乘客在进出轿厢的过程中会造成轿厢上下移动，导致平层不准，系统检测到这种情况后会开着门以较低的速度使轿厢平层。

3）火灾紧急返回运行

当遇到火灾时，将火灾返回开关置位后，电梯立即消除所有指令和召唤，并以最快的速度运行到消防基站后，开门停梯。

4）消防员操作

当遇到火灾时，将消防员操作开关置位后，电梯立即消除所有指令和召唤，运行返回消防基站，而后进入消防员操作模式。在消防员操作模式中，没有自动开关门动作，只有通过开关门按钮，点动操作使开关门动作。这时电梯只响应轿内指令，且到站后消除已登记的所有指令。只有当电梯开门停在基站时，将上述两开关都复位后，电梯才能恢复正常运行。

5）副操纵箱操作

电梯除主操纵箱外，还可选配副操纵箱。副操纵箱一般装在轿门的左侧。副操纵箱和主操纵箱一样，也装有指令按钮和开关门按钮。在自动无司机状态下，这些按钮和主操纵箱上的按钮的操作功能相同。但在司机和独立运行状态下，副操纵箱不工作。

6）后门操纵箱操作

当电梯的轿厢需要关后两扇门时，可选配后门操纵箱。后门操纵箱和主操纵箱一样，也有指令按钮和开关门按钮，功能也大致相同。区别在于，当某一层两面都能开门时，按后门操纵箱的开门按钮，开的是后门；按主操纵箱的开门按钮，开的是前门。同样，如果平层前有后门操纵箱的本层指令登记，停下来时开后门；有主操纵箱的本层指令登记，停下来时开前门；如果两面都有，则两扇门都开。

7）残疾人操纵箱操作

残疾人操纵箱可装在主操纵箱的下方，也可装在门的左侧略低于主操纵箱的位置，其按钮上除了一般字符，还应配有盲文字母。当电梯平层待梯时，如果该层站有残疾人操纵箱的指令登记，则电梯开门保持时间增加（一般为 30 s 左右，此数值可通过参数调整）；同样，如果在轿厢内按了残疾人操纵箱的开门按钮，开门保持时间也会增加。

8）并联控制

并联控制就是两台电梯通过 CAN 串行通信总线进行数据传送以实现协调两台电梯各个层站召唤的功能，从而提高电梯的运行效率，其关键是召唤信号的合理分配。电梯控制系统使用距离原则分配召唤，即任何召唤登记后，系统会及时把它分配给较近且能够较快响应的电梯，最大程度地减少乘客的待梯时间。此外，电梯控制系统还有自动返回基站功能，即当两台电梯应答完所有指令和召唤后，靠近基站的电梯会自动返回基站。返回基站功能根据用户需要选择，可通过手持操作器进行设置。

9）群控运行

群控，顾名思义就是多台电梯的集中控制，最多可达到 8 台电梯的群控。在群控系统中，所有主控制器的上级还有一个群控制器，它负责所有外召唤信号的登记和消除，并根据群控中各台电梯的层站位置和运行情况，采用模糊控制算法计算出每时每刻的每个召唤由哪台电梯去响应最迅速、经济和合理，并把这一召唤分配给该电梯去响应。这样就可以大大提高电梯的运输效率，减少乘客的等待时间，节约用电。

10）上班高峰服务

只有配有群控系统才能选择上班高峰服务功能。如果系统选择该功能，则在上班高峰时间（通过时间继电器设定，也可由人工操作设定），当从基站向上运行的电梯有 3 个以上的指令登记时，系统就开始进行上班高峰服务运行。此时，群控系统中的所有电梯都在响应完指令和召唤后自动返回基站开门待梯。过了上班高峰时间后，电梯又恢复到正常状态。

11）下班高峰服务

只有配有群控系统才能选择下班高峰服务功能。如果系统选择该功能，则在下班高峰时间（通过时间继电器设定，也可由人工操作设定），当从上向下运行到基站的电梯具有满载的情况时，系统就开始进行下班高峰服务运行。此时，群控系统中的所有电梯都在响应完指令和召唤后自动返回到最高层闭门待梯。过了下班高峰时间后，电梯又恢复到正常状态。

12）分散待梯

只有配有群控系统才能选择分散待梯功能。当所有电梯都保持待梯状态 1 min 时，便开始分散待梯运行，具体如下。

(1) 如果基站及基站以下层站都没有电梯，系统就发一台最容易到达基站的电梯到基站闭门待梯；

(2) 如果群控系统中有两台以上电梯正常使用，而且中心层以上层站没有任何电梯，系统就分配一台最容易到达上方待梯层的电梯到上方待梯层闭门待梯。

13) 小区（或大楼）监控

控制系统与装在监控室的计算机通过 RS－485 协议相连，再加上监控软件，就可以在计算机上监控电梯的楼层位置、运行方向和故障状态等情况。

14) 远程维修中心监控

通过 Modem（细制解图）和电话线，可以实现在远程监控中心对电梯的实时监控。电梯发生故障时，也会及时向远程监控中心报警。

15) 轿厢到站钟

在电梯减速平层过程中会鸣响装在轿顶或轿底的上、下到站钟，以提醒轿内乘客和厅外候梯乘客电梯正在平层，马上到站。

16) 厅外到站预报灯

如果选配厅外到站预报灯功能，则每一层的大厅都装有上、下到站预报灯。当一台电梯在平层过程中，离目标层还有 1.2 m 左右时，该层站对应方向的到站预报灯就开始闪烁，以告诉乘客该电梯即将到站，并同时也预报了该电梯接下来运行的方向，需乘同向电梯的乘客就可预先做好准备。闪烁的到站灯直到电梯门关闭后才熄灭。

17) 厅外到站钟

如果选配厅外到站钟功能，则每一层的大厅都装有上、下到站钟。当一台电梯在平层到达门区的过程中，该层站的对应方向的到站钟就开始鸣响，以告诉乘客电梯即将到站开门。

18) 轿箱 IC 卡楼层服务控制

轿厢操纵箱上有读卡器，乘客必须持卡才能登记那些需授权才能进入的楼层的指令。有两种轿厢 IC 卡方式：第一种方式，每一张卡指定一个特定楼层，乘客进入轿厢后，刷卡登记该卡指定的楼层指令。那些开放的层站，和平时一样直接按指令按钮即可。第二种方式，每一张卡指定若干授权层站，乘客进入轿厢刷卡后，在一段时间内（如 5 s），可以按该卡授权层站的指令按钮来登记指令。

19) 厅外 IC 卡呼梯服务控制

每一层站的召唤盒上有读卡器，乘客必须持卡才能登记该楼层的召唤信号。有两种大厅 IC 卡方式：第一种方式，每一张卡指定一个特定方向的召唤按钮，乘客在该楼层刷卡后，就登记了该召唤按钮的信号（等同于平时按一次该召唤按钮）。那些不需要刷卡的楼层，可和平时一样直接按召唤按钮。第二种方式，每一张卡指定若干授权楼层的授权召唤，乘客在该卡所授权的楼层刷卡后，一段时间内（比如 5 s）或者在刷卡后到门关闭前，可以按该楼层的授权召唤按钮来登记该方向的召唤信号。

20) 前后门独立控制

前后门独立的含义有两点：一点是指有后门操纵箱时的前后门独立操作，这已经在介绍后门操纵箱时提到过。另一点是指当有后门召唤盒时的前后门独立操作，即平层前如果有后门召唤盒的本层召唤登记，则停下来时开后门；如果有主召唤盒的本层召唤登记，则停下来时开前门；如果两面都有，则两扇门都开。同样，在本层开门时，按的是后门召唤盒的按钮，就开后门；按的是主召唤盒的按钮，就开前门。

21）强迫关门

当开启强迫关门功能后，如果由开光幕动作或其他原因导致连续 1 min（缺省值，此数值可通过参数调整）开着门而没有关门信号时，电梯就强迫关门，并发出强迫关门信号。

22）VIP 贵宾层服务

选配 VIP 贵宾层服务功能时，一般先需要设置 VIP 楼层，在该楼层的厅外装有一自复位的 VIP 钥匙开关。需要 VIP 服务时，转一下 VIP 开关，电梯就进行一次 VIP 服务操作，即取消所有已登记的指令和召唤，电梯直驶到 VIP 楼层后开门，此时电梯不能自动关门，外召唤仍不能登记，但可登记内指令。护送 VIP 的服务员登记好 VIP 要去的目的层指令后，持续按关门按钮使电梯关门，电梯直驶到目的层后开门，并恢复正常运行。

23）密码控制功能

配有密码控制功能时，在主操纵箱的分门内增加一个密码设置开关。当电梯处于检修状态，且将密码层设置开关置于“ON”时，电梯就处于密码层设置状态。此时，按下所要设置密码的层站指令按钮，该按钮灯会闪烁，接着连按 3 个作为密码的指令按钮后，该按钮灯变为亮点，说明该层站的密码已经设好。将密码层设置开关复位后，点亮的按钮灯会熄灭，设置状态结束。当正常使用时，按下设置过密码的层站指令按钮时，该按钮灯会闪烁，如果在接下来的 6 s 左右时间内，连续按 3 个和设置的密码一致的指令按钮，该按钮灯就变为亮点，指令被登记；否则，按钮灯会熄灭，指令不能登记。在检修状态下，将密码层设定开关闭合时，以前的密码层就会全部消除。如果需要新的密码层，就按上述方法重新设置；如果不需要密码层，就直接将密码层设定开关断开。

24）开关控制单梯服务层切换

通过手持结操作器的参数设置，预先根据客户要求设置一个在特定状态下电梯的停层方案，在该方案中，可制定电梯不能响应（和登记）某些层站的指令和召唤。当服务层切换开关合上时，电梯就按对应的停层方案服务；当开关复位后，电梯又能恢复正常状态，每层都能服务。

25）开关控制群控梯服务层切换

群控系统预设两组特定条件下电梯的停层方案供客户选择，分别通过两个开关控制（也可以由两个时间继电器定时控制）。当其中一个开关合上时，电梯就按对应的一套停层方案服务，而当另一个开关合上时，电梯就按另一套停层方案服务。如果两个开关都没有合上，电梯就按正常状态服务。每组方案需要预先设定，它可以指定电梯在哪些楼层响应指令，在哪些楼层响应上召唤，以及在哪些楼层只呼应下召唤。

26）开关控制操纵箱按钮非服务层设置

在单梯或并联时，轿箱 NS－CB 开关接通后，依次按下需设成非服务层的对应的指令按钮，这些按钮灯就会点亮。断开 NS－CB 设置开关后，非服务层就设好了。非服务层的指令和上、下召唤都不能登记，电梯也不会在这些楼层平层。在电梯处于检修开门状态下，将 NS－CB 设置开关闭合后，不做任何工作将开关复位，即可把之前设置的非服务层全部消除。

27）停电应急平层

当由于大楼停电导致运行中的轿箱不在门区而困人时，停电应急平层装置就会起动，并驱动电梯低速运行到就近门区开门。

28）大楼后备电源运行

具备群控电梯和大楼有自备紧急供电的发电设备两个条件，才能选配大楼后备电源运行功能。当配有该功能时，一旦大楼正常电源发生故障，切换到紧急供电电源，群控系统就会调配电梯一台接一台地返回基站，开门放客然后根据预先设置的参数，判定哪几台电梯在紧急供电作电源时还继续运行，哪几台电梯此时停梯不能运行。等到正常电源恢复后，全部电梯恢复正常运行。其主要目的是防止紧急供电功率不够，多台电梯同时运行时造成电源过载。

29）地震运行

当配有地震运行功能时，如果发生地震，地震检测装置动作，该装置有一个触点信号输入到控制系统，控制系统就会控制电梯即使在运行过程中也会就近层停靠，而后开门放客停梯。

30）语音报站功能

当系统在配有语音报站功能时，电梯在每次平层过程中，语音报站器将报出即将到达的层站；在每次关门前，报站器会预报电梯接下来运行的方向。

三、电梯安全保护装置

电梯安全保护装置一般由机械安全保护装置和电气安全保护装置组成。机械安全保护装置主要有限速器、安全钳、缓冲器、制动器、层门门锁与轿门电气联锁装置、门的安全保护装置、轿顶安全窗、轿顶防护栏杆和护脚板等；电气安全保护装置主要有直接触电的防护装置、间接触电的防护装置、电气故障的防护装置、电气安全装置等。其中，一些机械安全装置往往需要电气方面的配合和联锁装置才能完成其动作并达到可靠的效果。

为了防止由于电梯损坏或驾驶人员操作不当而发生事故，按国家有关规定，电梯都应装有以下必要的安全装置。

（1）刹车。控制电梯曳引机起动停止的制动器，可使电梯的轿厢及时停止上升或下降。

（2）限位开关。使轿厢开到最高位置或最低位置不能继续运行的装置。

（3）极限开关。当轿厢行驶到最高位置或最低位置时，如限位开关失去控制，轿厢就会继续上升或下降。为了防止轿厢冲顶或沉底，应安装能切断电源且不能自动复位的极限开关，且须装在机房内，而不能装在井道内。

（4）缓冲器。为了减少轿厢冲顶或沉底的能量，应安装具有吸收运动机构能量并减少冲击的缓冲器。同时，在缓冲器与轿厢触碰处安装橡皮或海绵，以减少其冲击能量。

（5）安全钳。为了防止由于吊重钢丝绳断裂，绳槽打滑等导致轿厢突然坠落，应在轿厢上安装能同时切断控制电源和使轿厢停止下坠的安全钳。没有安全钳的轿厢不可载人。如果是简易电梯，则应有防止人在轿厢内装卸货物时轿厢突然坠落的安全装置（安全停止销等）。

（6）限速器。为了防止行驶速度超过正常速度，凡三层以上（含三层站）的载人电梯，均应安装速度控制器，这种机构一般与安全钳连成一体。

（7）安全门。为了防止乘客头、手、脚伸出井道和物件坠落井道，乘载厢进出口应装有安全门。

(8) 门电开关。为了防止由于井道门、轿厢门、轿顶门未关而发生事故，应在井道门上和乘载厢门上安装门电开关。

(9) 门联锁。为了防止有人把井道门和轿厢门打开进出或将头、手、脚伸出而发生事故，应在井道门和轿厢门上安装门联锁。

(10) 安全接地装置。为了防止因电气设备损坏，使电梯金属结构部分带电而发生触电事故，在电气设备的金属外壳和电梯的金属结构上，应安装安全接地装置，接地线应用多股电线，不可随便利用中性线当作安全接地线使用，其接地电阻不大于 4 Ω。

(11) 限速钢丝绳开关。当限速钢丝绳发生脱扣或断绳时，可切断电梯控制电源，使电梯不能运行。

(12) 电梯配重装置。每台电梯必须具备配重装置，其质量应达到吊物质量的 40% ~50% 。

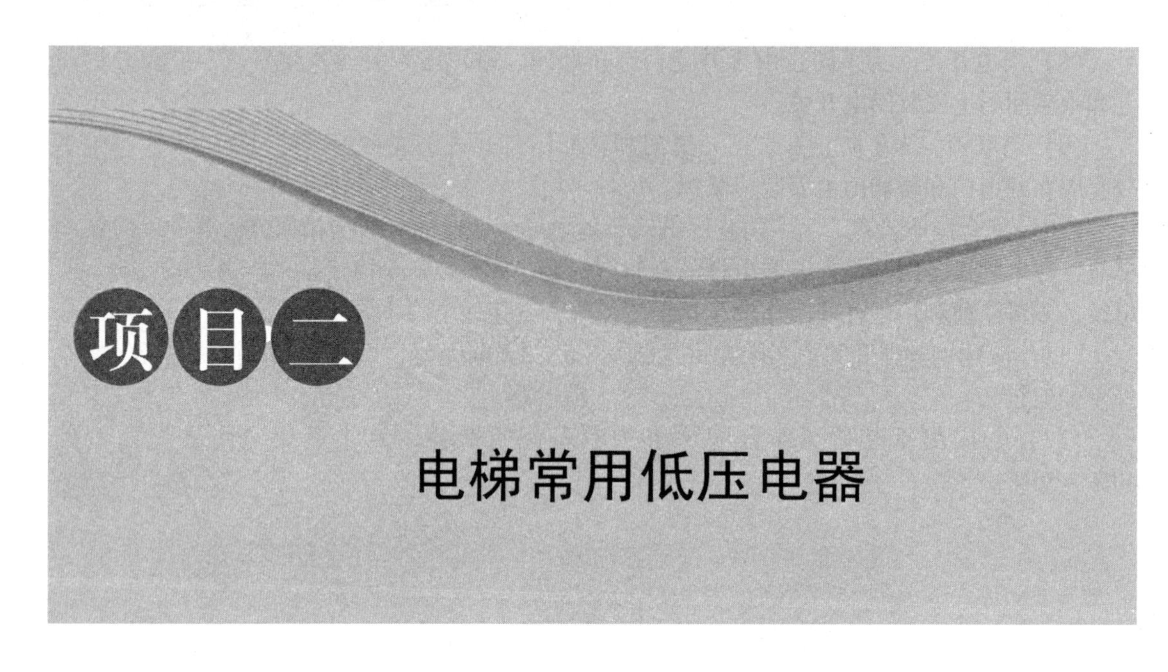

项目二 电梯常用低压电器

任务分析

本项目主要介绍了电梯中常用的低压电器。根据低压电器的不同种类和使用场合，着重介绍了其电气元件的工作原理，为以后电梯的学习打下基础。

建议学时

10～12学时。

学习目标

(1) 了解低压电器的分类。

(2) 掌握低压电器的工作原理。

电气元件在电梯中广泛应用于电力拖动和信号控制设备中，如通过接触器对曳引电动机的启动，制动，正、反转运行控制；使用按钮、继电器等对召唤信号进行登记、显示、消除；采用热继电器或电流继电器对电动机进行过载或过流保护等。

任务一　低压电器分类

人们通常将工作在AC 1 200 V或DC 1 500 V以下电路中的电气设备称为低压电器，而将工作在高于上述电压电路的电气设备称为高压电器。一般来说，电梯控制系统中使用的都是低压电器。

低压电器按用途的不同可分为低压控制电器和低压配电电器两大类。低压电器的分类、主要品种和主要用途如表2－1所示。

表 2-1 低压电器的分类、主要品种和主要用途

分类		主要品种	主要用途
低压控制电器	接触器	交流接触器 直流接触器 真空接触器 半导体接触器	用于远距离频繁起动或控制交、直流电动机以及接通或断开正常工作的主电路和控制电路
	继电器	电流继电器 电压继电器 时间继电器 中间继电器 热过载继电器 温度继电器	在控制系统中，用于控制其他电器或保护主电路
	起动器	电磁起动器 手动起动器 自耦减压起动器 Y-△起动器	用于交流电动机的启动或正反向控制
	控制器	凸轮控制器 平面控制器	用于电气控制设备中转换主回路或励磁回路的接法，以达到电动机起动、换向和调速的目的
	主令电器	按钮 限位开关 微动开关 万能转换开关	用作闭合和断开控制电路
	电阻器	铁基合金电阻器	用作闭合和断开控制电路
	变阻器	励磁变阻器 起动变阻器 频敏变阻器	用于发电机调压以及电动机的平滑起动和调速
	电磁器	起重电磁铁 牵引电磁铁 制动电磁铁	用于起重操纵或牵引机械装置
低压配电电器	断路器	万能式空气断路器 塑料外壳式断路器 限流式断路器 直流快速断路器 灭磁断路器 漏电保护断路器	用于交、直流电路的过载短路或欠电压保护，也可用于不频繁通断操作电路。灭磁断路器用于发电机励磁电路保护，漏电保护断路器用于人身触电保护

续表

分类		主要品种	主要用途
低压配电电器	熔断器	有填料封闭管式熔断器 保护半导体器件熔断器 无填料密闭管式熔断器 自复熔断器	用于交、直流电路和设备的短路和过载保护
	刀开关	熔断器式刀开关 大电流刀开关	用于电路隔离，也能接通与断开电路的额定电流
	转换开关	负荷开关 组合开关 换向开关	用于两种及以上电源或负载的转换和通断

低压电器根据动作性质又可分为低压手动电器和低压自动电器两种。

（1）低压手动电器：通过拨动或旋转操作手柄来完成接通、切断电路等动作的电器，如主令电器、刀开关及转换开关等。

（2）低压自动电器：给电器的执行机构输入一个信号，通过电磁力来完成接通、断开、起动、反向、停止等动作的电器，如继电器、接触器等。

电梯信号控制和拖动控制系统所使用的电器均属于工业用低压电器，其中既有手动低压电器，也有自动低压电器。

任务二　低压电器工作原理

一、接触器

接触器是用来接通或切断电动机或其他负载主回路的一种控制电器，在电梯中作为执行元件控制曳引电动机的启动、运转、反向和停止。

接触器按其所控制的电流种类分为交流接触器和直流接触器，它的基本参数有主触点的额定电流、触点数、主触点允许切断电流、线电压、操作频率、动作时间、电寿命和机械寿命等。

1. 接触器的结构与动作原理

一般地，接触器的基本结构由电磁机构、主触点与灭弧装置、释放弹簧或缓冲装置、辅助触点、支架与底座等部分组成。图 2－1 所示为交流接触器的结构。

交、直流接触器的动作原理基本相同。当控制电路接通，使接触器的工作线圈通电时，套在铁芯或磁轭上的电磁线圈通过电流，并产生磁力吸引活动的衔铁，直接或通过杠杆传动使动触点与静触点接触，从而接通主电路。线圈断电后，靠释放弹簧的反力使动触点恢复原位，从而切断主电路。

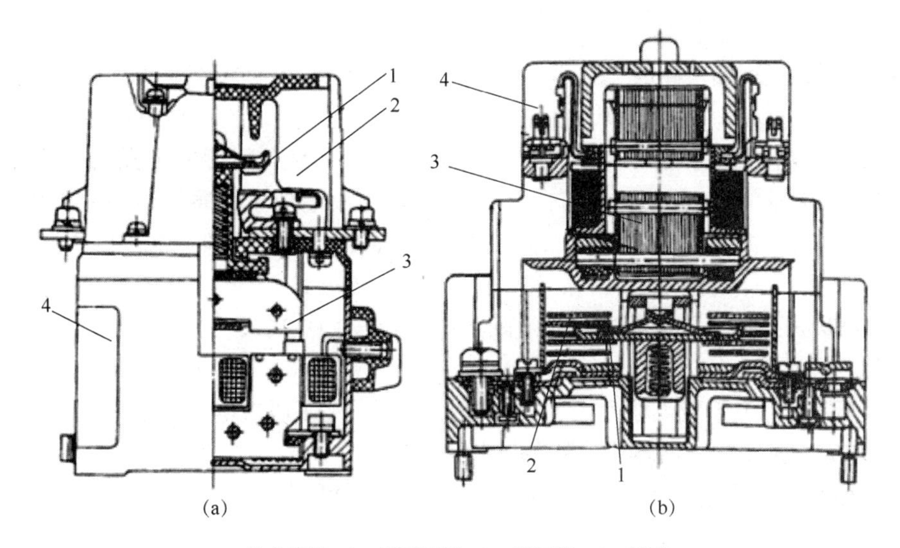

1—触点系统；2—灭弧系统；3—磁系统；4—躯壳

图 2－1　交流接触器的结构

（a）正装直动式交流接触器外形结构；（b）倒装直动式交流接触器外形结构

1）触点

触点也称为触头，它包括动触点和静触点，用于完成被控制电路的接通和断开。按其接触形式可分为 3 种，即点接触、线接触和面接触，如图 2－2 所示。点接触常用于小电流的电气中，如接触器的辅助触点或继电器触点。线接触的接触区域是一条直线，触点在通断过程中是滚动接触，有利于自动清除触点表面的氧化膜，保证触点的良好接触。

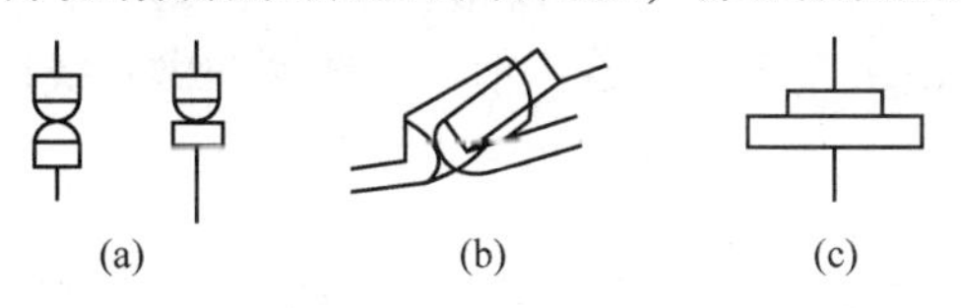

（a）点接触；（b）线接触；（c）面接触

图 2－2　触点的 3 种接触形式

为了减小接触电阻（由于触点表面不平或由于氧化层存在而在两接触触点间产生的电阻），当动触点与静触点刚接触时，即受到触点弹簧的一个初压力 F_1。衔铁在电磁力作用下继续吸合，弹簧继续压缩变形产生压力 F_2，使两触点压紧。在两触点从开始接触到压紧的过程中，弹簧所压缩的距离，即触点系统向前压紧的距离 L，称为触点的超行程。由于超行程的作用，触点在磨损情况下，仍具有一定压力。这样便提高了接触效果，减小了接触电阻。图 2－3 所示为触点接触示意。

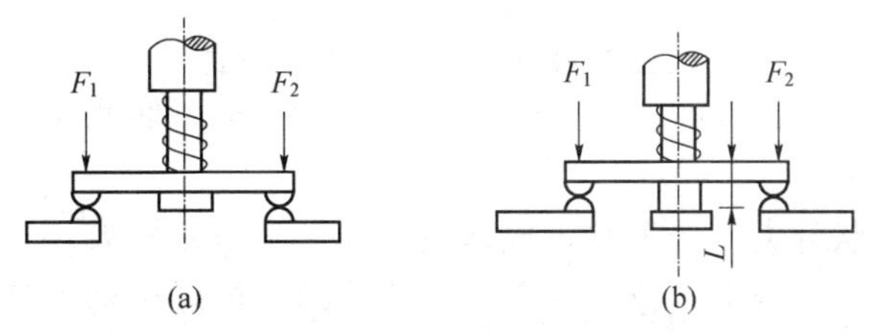

图 2－3　触点接触示意

（a）触点刚接触时；（b）触点压紧时

2）电弧与灭弧装置

当接触器触点切断电路时，如电路中电压超过 12 V 和电流超过 80 mA，在两个触点分开瞬间将出现电火花。电压越高，电流越大，电火花越强烈。这是因为在触点分离瞬间，其间隙很小，电路电压几乎全部降落在触点之间，从而在触点间形成很强的电场，将空气击穿，使气体中大量的带电粒子做定向运动，产生气体放电现象，通常称为“电弧”。使电弧熄灭的过程称为灭弧。根据降低电弧温度和电场强度的灭弧原则，常用的灭弧装置有以下4 种。

（1）磁吹式灭弧装置：通过吹弧线圈将电弧拉长，并吹入灭弧罩中，将热量传给罩壁，促使电弧熄灭，广泛应用于直流接触器。

（2）灭弧栅：电弧吸入栅片，并被各栅片分割成许多段短电弧，由于栅片的散热作用，电弧自然熄灭，是交流接触器中常用的一种灭弧装置。

（3）灭弧罩：用陶土和石棉水泥做成，耐高温，可实现降温和隔弧，交、直流接触器都可用的灭弧装置。

（4）多断点灭弧装置：采用多对串联触点来切断电路，使每对触点间的电场强度降低，从而达到灭弧的目的。

3）电磁机构

电磁机构由线圈、铁芯、衔铁等构成，是接触器的重要组成部分。电磁机构的作用是将电磁能转换为机械能，使触点闭合或断开，并可做失压保护。电磁机构种类较多，主要的分类方法如下。

（1）按衔铁的运动方式分类：衔铁绕棱角转动的电磁机构，适用于直流接触器；衔铁绕轴转动的电磁机构，适用于交流接触器；衔铁在线圈内做直线运动的电磁机构，多用于交流接触器，如图 2 – 4 所示。

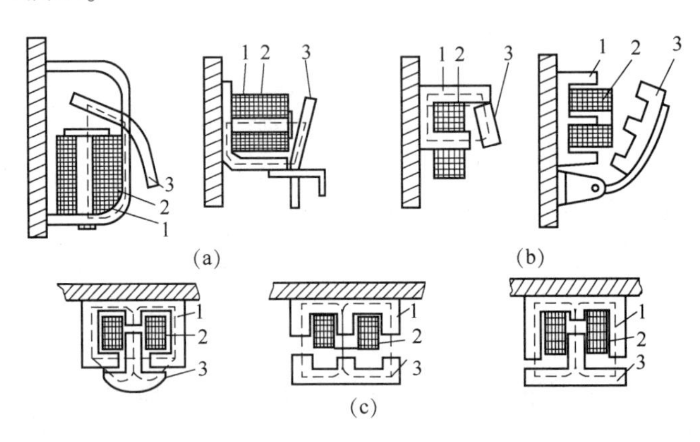

1—铁芯；2—线圈；3—衔铁

图 2 – 4　常用电磁机构的形式

（a）衔铁绕棱角转动；（b）衔铁绕轴转动；（c）衔铁在线圈内做直线运动

（2）按磁系统形状分类：分为 U 形电磁机构和 E 形电磁机构。

（3）按线圈连接方式分类：分为并联（电压线圈）电磁机构和串联（电流线圈）电磁机构。

(4) 按线圈种类分类：分为直流线圈电磁机构和交流线圈电磁机构。

电磁机构的吸力与气隙的关系曲线称为吸力特性，它与励磁电流种类（交流或直流）、线圈连接方式（串联或并联）有关。

对直流电磁机构，外加电压和线圈电阻不变，流过线圈的电流为常数，与磁路的气隙无关。而吸力 F 与磁阻（即气隙）的平方成反比，吸力特性为二次曲线，说明衔铁闭合过程中吸力变化很大。

对交流电磁机构，在线圈通电而衔铁尚未吸合瞬间，随气隙大小不同，电流将达到吸合后额定电流的几倍至十几倍。假如衔铁卡住不能吸合或者频繁动作，线圈会因电流过大而发热烧毁。因而对于可靠性要求高，频繁启动、制动和改变运行方向的电梯控制系统，曳引电动机的控制通常采用直流电磁机构；直流梯原动机的控制不需频繁起动、制动，常使用交流电磁机构。

4) 辅助触点

接触器除主触点外，通常还有两对以上常开（吸引线圈不通电时断开）和两对以上常闭（吸引线圈不通电时闭合）辅助触点，用于自锁持（即起动按钮断开后，由并联的一对常开辅助触点来代替按钮闭合，使线圈保持带电），传送信号或与其他电气联锁。辅助触点与灭弧装置在结构上应分开安装，以防止发生电弧。

2. 接触器的基本参数

接触器的基本参数如下。

1) 额定电压

接触器铭牌额定电压指主触点上所能承受的最大电压，与额定电流共同决定接触器使用条件，并与电路具体的通断能力、工作类型和使用类别有关，如额定电压为 380 V 的三相感应电动机，则应选 380 V 以上的交流接触器。

2) 额定电流

指主触点的额定电流。常用的接触器的电流等级为 10 A、20 A、40 A、60 A、100 A、150 A、250 A、400 A、600 A 等。

3) 工作类型

指额定工作制。标准的额定工作制有以下 4 种。

(1) 间断—长期工作制：接触器的主触点保持闭合并通过稳定电流足以达到热平衡，但长于 8 小时必须切断。

(2) 长期工作制：接触器的主触点保持闭合并通过稳定电流超过 8 小时而不切断。

(3) 反复短时工作制（或间断工作制）：主触点保持闭合的周期与无负载的周期之间存在一定比值，两周期均很短，因此接触器不能达到热平衡。电梯常以此工作制运行。

(4) 短时工作制：接触器的主触点保持闭合的时间不足以使其达到热平衡，但两次通电间隔的无载时间足以使接触器的温度恢复到环境温度。

4) 通断能力

接触器在规定的条件下，接通、切断的最大电流值，且不产生过大的电弧或严重的触点磨损。

5）机械寿命与电寿命

机械寿命是指接触器的抗机械磨损性，由接触器在需要维修或更换机械零件前所能承受的无负载操作次数来表示；电寿命是指抗电气磨损性，在正常操作条件下，由接触器不需修理或更换零件的带负载操作次数来表示。

目前市面上的接触器，其允许接通次数一般为 150 ~ 1 500 次/小时，电寿命一般为 50 万 ~ 100 万次，机械寿命一般为 500 万 ~ 1 000 万次。

6）线圈额定电压

常用直流线圈的电压等级为 24 V、48 V、110 V、220 V；常用交流线圈的电压等级为 36 V、127 V、220 V、380 V。

7）额定操作频率

额定操作频率是指接触器每小时的接通次数。

3. 接触器的技术数据

交流接触器有 CJ0、CJ1、CJ2、CJ3、CJ10 和 CJ12 等系列。常用的交流接触器的型号如 CJ10 - 20，其意义如下：

C 表示接触器；J 表示交流；10 表示设计序号；2 表示有两对常开主触点；0 表示无辅助触点。

例如，CZ0 - 40/20 为 CZ0 系列直流接触器，额定电流 40 A，两个常开主触点。

国内常用的接触器有 CJ0、CZ0、CJ10 等系列。

我国引进西门子公司 3TB 系列和 BBC 公司的 B 型系列，生产了 B 型系列产品，并用于电梯控制。B 型系列接触器优点：产品品种全，适用于各种电流，便于选用；技术经济指标高，体积小，质量轻，安装面积小，能耗低；有多种附件供应，能扩大使用功能和触点数，易于安装，可靠性高。

二、继电器

继电器是一种根据特定形式的输入信号而动作的自动控制电器，主要用于反映控制信号，接通与切断交、直流控制电路，也可作为传递信号的中间元件，具有输入和输出回路。当输入量（电量或非电量，如电压、温度）达到预定值时，继电器即动作，输出量发生与原状态相反的变化（如常开触点闭合）

1. 继电器的分类与工作原理

1）继电器的分类

继电器常用的分类方法有以下几种。

（1）按输入量的物理性质分，有电压继电器、电流继电器、时间继电器、速度继电器等。

（2）按动作原理分，有电磁式继电器、感应式继电器、热继电器、电子式继电器等。

（3）按动作时间分，有快速继电器、延时继电器、普通继电器。

（4）按使用范围分，有控制继电器、保持继电器、专用继电器等。其中，控制继电器主要用于电力拖动系统的控制与保护；专用继电器指专门为适应通信、航空和航海特点而设计生产的继电器。

电梯控制系统常用电磁式（电压、电流、中间）继电器，时间继电器，热继电器等。

2）电磁式继电器的结构与原理

电磁式继电器常用的是电压继电器、电流继电器、中间继电器和时间继电器。电磁式继电器的基本结构与接触器类似，主要由电磁机构、触点系统和反力系统3个部分组成。由于用在控制回路，接通和切断电流小，所以无须灭弧装置。

(1) 电磁机构：由衔铁、铁芯及线圈组成，并构成继电器输入回路。磁系统结构常用U形拉合式、E形直动式或转动式、螺管直动式3种。

图2－5所示为典型的U形拉合式结构图。铁芯通常做成整体，减少了非工作气隙。衔铁多为板状，以棱角转动方式完成拉合动作。当线圈不通电时，衔铁由反力弹簧拉开。当线圈通电时，衔铁吸合，并使触点闭合或断开。为了减少铁芯闭合时的剩磁，在衔铁上加装个非磁性垫片。

U形磁系统用于对灵敏度、返回系数及动作时间无特殊要求的控制继电器。在这种结构基础上，可以加装不同的线圈或阻尼线圈即可成为电压、电流、中间继电器或延时继电器。

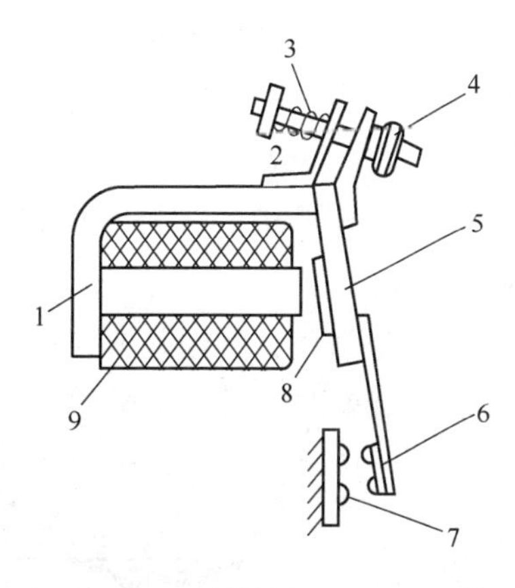

1—铁芯；2—旋转棱角；3—释放弹簧；4—调节螺母；5—衔铁；6—动触点；7—静触点；8—非磁性垫片；9—线圈

图2－5　电磁式继电器原理图

E形及双E形磁系统多做成返回系数较高的控制继电器。螺管直动式，其铁芯与衔铁多做成圆锥形接触面，因而获得较大的初始吸力及较大的动作行程。

(2) 触点系统：有动触点、静触点及有关附件，构成继电器的输出。

(3) 反力系统：一般用弹簧，也有靠衔铁自身重力来获得反力，或两者兼而有之。当线圈失电时，通过反力使衔铁拉开，触点恢复原状态。反力的大小与继电器结构和工作环境有关，它是继电器可靠动作的重要因素。电磁线圈接收输入信号（电压或电流）—电磁铁吸合动作—触点动作输出信号，这就是继电器的工作步骤与动作原理。

2. 继电器主要特性与基本参数

1）输入—输出特性

继电器特性曲线如图2－6所示，继电器的输入量x与输出量y的矩形关系曲线称为继电器特性曲线。当继电器输入量x（如电压值）由零增至x_1时，继电器输出量y为零（如触点断开）。当输入量增加到x_2时，继电器吸合，输出量变为y_1（如触点闭合）；若x再增加，y值不变。当x减小到x_1时，继电器释放，输出由y_1降到零（如触点恢复原状态），x再减小，y值不变。

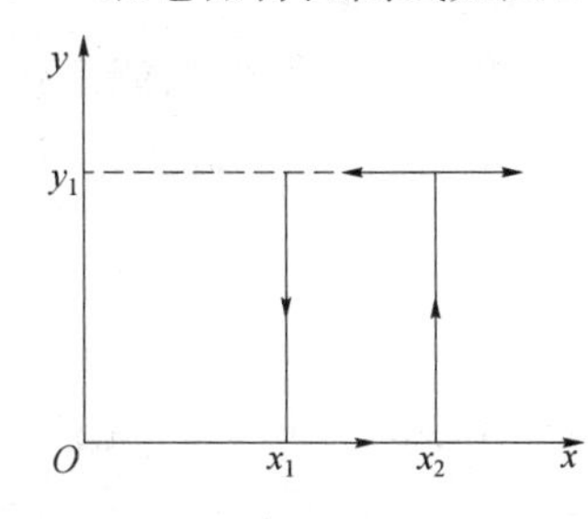

图2－6　继电器特性曲线

x_2称为继电器吸合值，欲使继电器动作，输入量（电压或电流值）必须大于此值。

x_1称为继电器释放值，输入量小于该值，输出量恢复原状态。

$K=x_1/x_2$，称为继电器的返回系数。在不同的使用条件下，对 K 值要求也不同。一般继电器要求较小的返回系数，即 K 值在0.1～0.4以保证继电器吸合后，输入值波动较大时不致造成误动作。而欠电压继电器则要求较大的返回系数，即 K 值应在0.6以上如某继电器取 $K=0.7$，吸合电压为额定电压的90%（即 x_2），则输入电压低于额定电压的63%时继电器释放，起到欠电压保护作用。

K 值的调节方法随继电器结构不同而有所差别，通常是调节垫片的厚薄程度。

2）电压特性

继电器的电压有工作电压（电流）、动作电压（电流）和释放电压（电流）。

3）吸合时间和释放时间

吸合时间是指从线圈接收电信号到衔铁完全吸合所需的时间；释放时间指从线圈断电到衔铁完全释放所需的时间。一般继电器为0.05～0.15 s，快速继电器小于0.05 s。

4）整定参数

凡有动作要求的控制继电器一般都可调整。如过电流继电器的动作电流可调范围为70%～300%。

额定电流值，其他基本参数还有：触点的接通和切断能力、额定工作制、使用寿命等，其定义与接触器有关参数类似。

任务三　低压电器

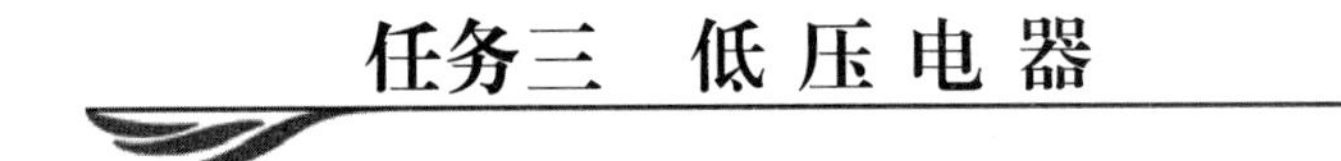

一、负荷开关

1. 自动空气开关

自动空气开关又称为自动空气断路器或自动开关，当电路出现短路、严重过载以及失压等时，自动空气开关能够自动切断电路，有效地保护串接在它后面的电气设备。因此，自动空气开关是低压配电网络中非常重要的一种保护电器。在正常条件下，自动空气开关也可用于不太频繁地接通和断开电路以及控制电动机。图2－7所示为空气开关外观。

自动空气开关具有操作安全、动作值可调整、分解能力较强、兼顾各种保护功能等优点，并且当发生短路进行故障排除时，一般不需要更换部件（不像熔断器需要换熔体），因而在电梯电源电路中得到广泛应用。

2. 空气开关的选择

电梯电路空气开关的额定电流一般是负载电流的3～5倍，多台并联的总开关的额定电流一般是所有支路额定电流之和的3倍。

【例】某大楼有3台电梯，电动机功率分别是15 kW、22 kW、11 kW。请分别计算各支路的电流和各空气开关的额定电流，电梯供电示意如图2－8所示。

图 2－7　空气开关外观

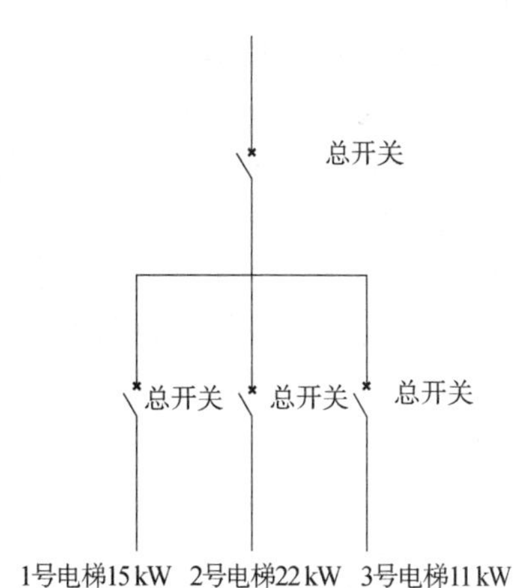

图 2－8　电梯供电示意

解：电动机电流通常根据经验公式计算，即

$$I = P \times 0.002$$

其中：I 为电流，单位是安培（A）；

P 为电动机的功率，单位是瓦（W）；

0.002 为系数，是经验参考值。

由此可得，1 号电梯支路的电流 $I_1 = 15 \times 1\,000 \times 0.002 = 30$（A），

1 号空气开关的额定电流：30×2.5＝75（A），因此选 75 A 空气开关较为合适。

2 号电梯支路的定电流 $I_2 = 23 \times 1\,000 \times 0.002 = 46$（A），

2 号空气开关的额定电流：46×2.5＝115（A），因此选 120 A 空气开关较为合适。

3 号电梯支路的电流 $I_3 = 11 \times 1\,000 \times 0.002 = 22$（A），

3 号空气开关的额定电流：22×2.5＝55（A），因此选 55 A 空气开关较为合适。

3. 漏电保护开关

漏电保护开关除了具备空气开关的功能外，还有漏电保护跳闸的功能，漏电保护开关有三相四线保护开关、三相三线保护开关和单相二线保护开关，其外观如图 2－9 所示。

(a)

(b)

(c)

图 2－9　漏电保护开关外观

（a）三相四线保护开关；（b）三相三线保护开关；（c）单相二线保护开关

漏电保护开关与空气开关一样，可以作为电源的总开关，当负载漏电电流超过一定值时，通过跳闸对电路进行保护。合闸时必须先按下复位按钮，方可重新合闸送电。如果负载漏电故障尚未排除，则此开关会继续跳闸，甚至无法合闸。

为了保护漏电开关的可靠性，每个月必须按一次试验按钮，对漏电保护开关的灵敏度进行试验，如果按下试验按钮而不跳闸，应立即更换。

漏电保护开关的工作原理：不论是二线、三线还是四线保护开关，当正常工作时，所有线的电流相加等于0，当有一根线漏电时，所有线的电流相加不等于0，检测电路检测到误差过大时，控制电路工作，迅速跳闸，达到保护电路的目的。漏电保护开关接线示意如图2－10所示。

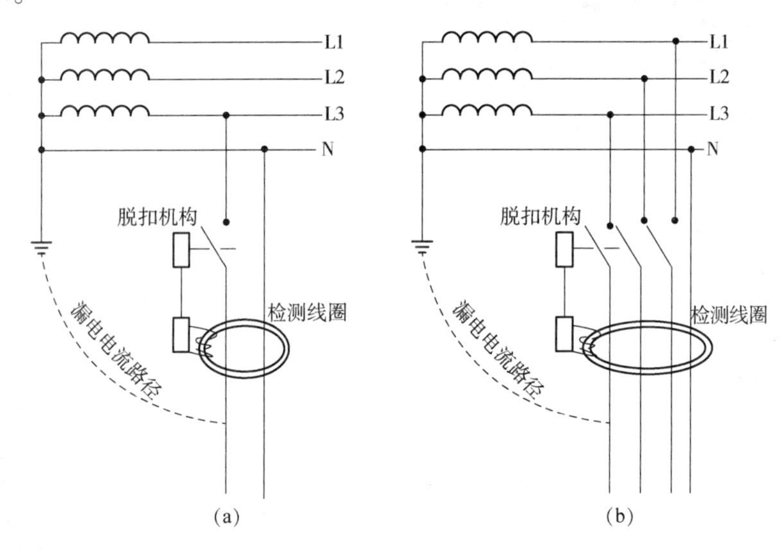

图2－10　漏电保护开关接线示意

(a) 单相漏电保护器原理；(b) 三相四线漏电保护器原理

二、控制开关

1. 按钮开关

按钮开关是一种结构简单且应用非常广泛的主令电气，一般情况下不直接控制主电路的通断，而是在控制电路中通过手动发出指令去控制接触器、继电器等电器，再由它们去控制主电路。按钮开关的触点允许通过的电流很小，一般不超过5 A，其外观如图2－11所示。

图2－11　按钮开关外观

按钮开关一般由按钮帽、复位弹簧、桥式动触点、静触点和外壳组成，按钮开关按用途和触点的结构不同分为停止按钮（常闭按钮）、起动按钮（常开按钮）和复合按钮（常开、常闭组合按钮）等。

2. 位置开关

位置开关又称限制开关（也称为行程开关或限位开关），它与按钮开关相同，都是对控制电路发出接通或断开信号的电气元件。其区别在于位置开关触点的动作不是靠手动完成，而是利用生产机械某些运动部件的碰撞使其接通或断开，从而达到一定控制要求。位置开关外观如图 2－12 所示。

3. 转换开关

在电路中，当某种功能转换成另一种功能时，要改变电路中电流或电压的方向，如电梯电路中正常运行和检修运行就需要通过检修开关来进行转换，这个检修开关就是转换开关。当扭动转换开关时，其内部的常开或常闭触点改变，即常开触点变成常闭，常闭触点变成常开，这样就达到了功能转换的目的。转换开关外观如图 2－13 所示。

图 2－12　位置开关外观

图 2－13　转换开关外观

4. 急停开关

急停开关是一对常闭触点，一般串联在主电路中，当设备需要紧急停止时，只要按下蘑菇帽即可。急停开关按下后不会自动复位，复位时顺时针拧动 30°左右便自动弹出恢复正常，其外观如图 2－14 所示。电梯电路中的急停开关串联在安全回路当中。

图 2－14　急停开关外观

5. 接触器

接触器是一种用来接通或切断交、直流主电路和控制电路的自动控制电器。其控制的对象是主要电动机，也可用于其他电力负载，如电热器、电焊机等。它的作用和刀闸开关类似。但是，接触器不仅能接通和切断电路，还可以配合逻辑电路可实现大电压释放保护等功能、适用于自操作和远距离控制，具有工作可靠、寿命长等优点。而刀闸开关既无欠电压释放保护，又不能远距离控制。因此接触器在电力拖动与自动控制系统中是应用最多的一种电器。

接触器利用电磁铁吸力及弹簧作用力配合动作使触点打开或闭合。按其触点通过电流的种类和线圈电源的种类可分为交流接触器和直流接触器。在电梯中，主触点控制直流电源的接触器在直流电和交流变电上较为常见，一般位置都在直流母线中串联，如直流电梯的运行接触器、CV180 电梯电路中的 MC 接触器等。线电源是直流电源，而触点串联在交流电源中控制交流电源的接触器，在电梯电路中也较为常见。

更换接触器的注意事项如下：

（1）交流接触器线圈或是直流接触器线圈不可弄错，否则线圈会烧坏。

（2）线圈电压等级很多，不论是交流或是直流，线电压必须与标牌电压一致。

（3）触点电流是接触器的重要参数，当没有完全匹配的型号时可以选择大于原电流的更换。

（4）辅助触点不够时可购买辅助触点进行添加，只要符合要求即可。

6. 中间继电器

中间继电器是将一个输入信号变成一个或多个输出信号的继电器。它的输入信号为线圈通电或断电。它的输出是触点的动作，并将信号同时传给几个控制元件或回路。

中间继电器原理与接触器完全相同。所不同的是中间继电器的触点对数较多，并且没有主、辅之分，各对触点允许通过的电流大小是相同的，其额定电流约为 5 A，对于额定电流不超过 5 A 的电动机也可用它代替接触器使用，所以中间继电器也是小容量的接触器，如图 2－15 所示。

中间继电器的线圈电压有交流 110 V、127 V、220 V 和直流 12 V、24 V、48 V、110 V、220 V 等几种电压等级。触点有 2 常开 2 常闭、4 常闭、4 常开、3 开 1 闭、3 闭 1 开等。触点的额定电流为 5 A。有的还可以把触点簧片反装过来，就可使常开、常闭触点相互转换。

中间继电器的选择主要依据被控制电路的电压等级，以及所需触点的数量、种类及容量进行选型。

7. 电流继电器

根据电路中的电流大小而动作的继电器叫电流继电器，又叫热继电器。电流继电器的主触点串联在主电路中或从中间穿过，控制触点串联在控制电路中，当主触点过电流保护时，控制触点断开相应电路中的某一功能，使电动机失电而停止运转，重新起动时还需要人工手动复位，如图 2－16 所示。

图 2－15　中间继电器

图 2－16　电流继电器

8. 时间继电器

电路中常常需要得电（断电）延时断开或延时闭合的某种信号去控制电路某种功能。使其电路的功能发生改变，达到这种功能的继电器叫时间继电器，种类分为机械式时间继电器和电子式时间继电器。机械式时间继电器目前很少使用，电子式时间继电器由于安装调整非常方便，所以电梯电路中使用比较多。

9. 相序保护继电器

电梯的主电路是三相电源，俗称三根火线分别是 L1、L2、和 L3，当缺少一根火线或任意两根火线相序不正确时，相序保护继电器动作保护。他有三个电源端子分别连接三根火线用于检测电源，控制端子串联在电梯的安全回路或控制电路中。相序保护继电器如图 2－17 所示。

相序保护继电器的功能是电梯检验的一个重要指标，如果该项不合格，就是整台电梯不合格。

图 2－17　相序保护继电器

10. 电流互感器

电流互感器是把大电流转化为小于 5 A 的小电流的一种电气设备。我国的电流互感器的输出都是 5 A，其比例有 20∶5、50∶5、100∶5、200∶5、500∶5 等许多种规格，输出电流与比例系数相乘就是实际的电流。电流互感器在电梯电路中的应用十分广泛，如总电表与电流互感器连接可以测量电梯所消耗的电能、变频器的输出端与电流互感器连接可检测变频器输出是否相等。

11. 熔断器

熔断器是低压电路及电动机控制电路中用于过载保护和短路保护的电器，当电路或电气设备发生短路或严重过载时，熔断器中熔体首先熔断，使电路或电气设备脱离电源，从而起到保护作用。熔断器因其结构简单，价格便宜，使用、维护方便，体积小，质量轻而得到了广泛的应用。

每一种规格的熔体都有额定电流和额定电压两个参数。只有通过熔体的电流超过其额定电流并达到熔断电流时，熔体才会发热熔断。通过熔体的电流越大，熔体熔断越快。一般规定，当通过熔体的电流达到额定电流的 1.3 倍时，应在 1 h 以上熔断；通过熔体的电流达到额定电流的 1.6 倍时，应在 1 h 内熔断；通过熔体的电流达到额定电流的 2 倍时，熔体应在 30～40 s 内熔断；当通过熔体的电流达到额定电流的 8～10 倍时，熔体应瞬时熔断。由于熔断器对于过载的反应不灵敏，即当电气设备轻度过载时，熔断时间延迟很长，甚至不熔断，因此熔断器在电梯电路中不作为过载保护，只作为短路保护，而在照明电路中作短路保护和严重过载保护使用。

若熔断器的工作电压大于额定电压，则当熔体熔断时，有可能发生电弧不能熄灭的危险。熔断器内所装熔体的额定电流必须小于或等于熔断器的额定电流，断流能力是表示熔断器断开电路故障所能切断的最大电流。常见的熔断器如图 2－18 所示。

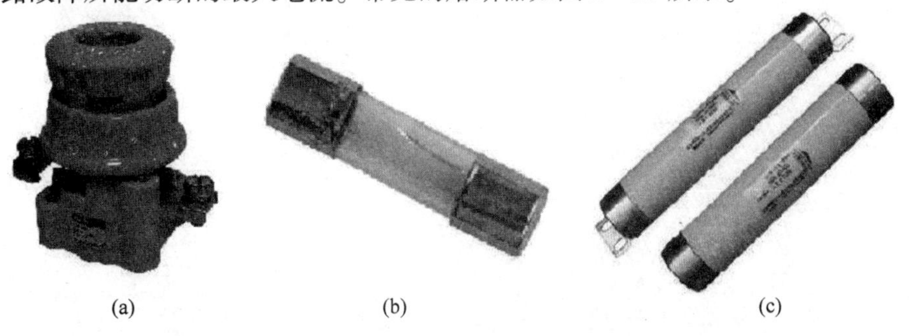
(a)　(b)　(c)

图 2－18　常见的熔断器

（a）玻璃管型；（b）速熔器；（c）螺旋型

自20世纪50年代以来，硅半导体元件日益广泛地应用于工业电力变换和电力拖动装置中，但是由于PN结热容量低，硅半导体元件过载能力差，只能在极短的时间内承受过载电流，否则半导体元件将迅速被烧坏。因此，必须采用一种在过载时能迅速动作的快速熔断器，俗称速熔保险。

速熔保险过载系数较小，断开时间极短，在变频器和电梯变频主电路中常常作为保护元件使用。速熔保险烧坏后可以用两个220 V/（60～100）W的白炽灯泡串联后接在原处替代速熔保险验证电路是否正常，但严禁用铜丝和普通保险丝代替。

速熔保险的电路符号是在普通保险符号的一侧添加一个二极管的符号，整个符号表示该保险是速熔保险不是二极管，使用时也不分极性。图2－19所示为检测型速熔保险外观，它由两个保险丝组成，额定电流的保险烧断后，小保险也瞬间烧断，小保险烧断后，装在小保险端部的微型开关动作，发出一个信号送到控制电路。

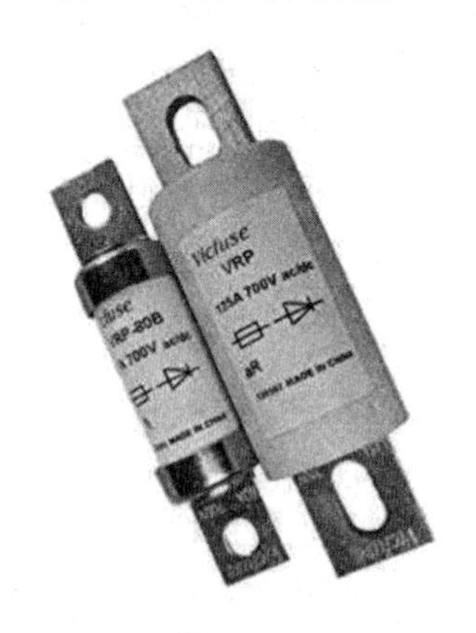

图2－19　检测型速熔保险外观

任务分析

本项目主要介绍了电梯常用电气装置的种类、结构与功能，以及电梯常用电气装置的工作原理，为后续项目的学习打下基础。

建议学时

6~8 学时。

学习目标

(1) 了解电梯常用电气装置的种类和组成。
(2) 掌握电梯常用电气装置的功能。
(3) 掌握电梯常用电气装置的工作原理。

任务一　电梯选层及呼梯装置

一、轿厢选层装置

轿厢选层装置是供电梯司机或乘客操纵电梯到达指定楼层所用的一种装置，不同种类的电梯有不同的速度和自动化程度，因此呼梯选层装置和操纵顺序也各不相同。

信号控制型电梯是由接受过专业安全培训的电梯司机来操纵运行的，司机根据轿内乘客到达的楼层数或反映在轿内楼层显示器上的各层厅外呼梯信号指示数，通过按选层装置上相应的指令按钮来操作电梯。信号控制型电梯的轿厢选层装置由盒体、面板、指令按钮等组成。其中，盒体用于存放固定电气元件和接线；面板用于显示和布置各操纵电气元件；指令按钮包括开、关门按钮，呼梯信号指示灯，安全开关，警铃和应急按钮等。

集选控制型电梯是自动化程度较高的一种电梯，它可由电梯司机操纵，也可由乘客自己操纵。集选控制型电梯与信号控制型电梯最大的区别在于厅外各层的呼梯信号不反映在轿内楼层指示器上，而是在控制系统中自动登记楼层信号和控制。因此，集选控制型电梯轿厢选层装置多了有/无司机工作状态的转换钥匙开关和有司机操作时的向上、向下开车按钮以及超载时的声光警报。该轿厢选层装置的指令按钮有与停层数相对应的指令按钮，开、关门按钮，司机-自动-检修各状态转换的三位钥匙开关，超载信号指示，以及急停、警铃按钮等。

集选控制型电梯的轿厢选层装置有时也把有司机操纵部分的电气元件布置在操纵箱下部的小盒内，在无司机使用时把此小盒的盖子关上，并加专用“T”字锁锁住。常见电梯操纵箱如图3-1所示。

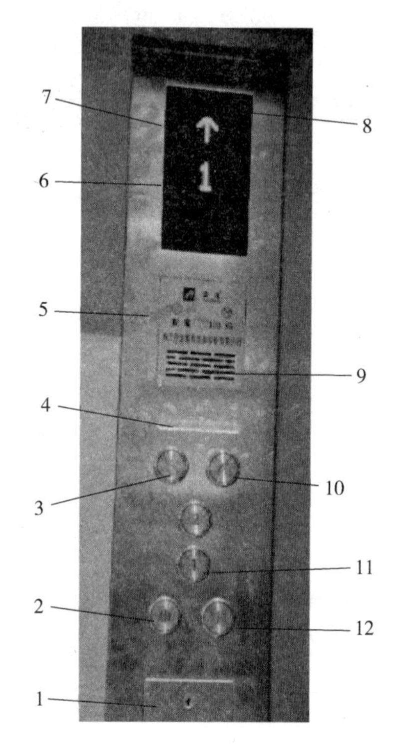

1—钥匙孔（内有检修开关）；2—开门按钮；
3—报警按钮；4—应急照明；5—轿厢内操纵箱；
6—楼层显示；7—方向标志；8—层楼显示器；
9—对讲机；10—多方通话按钮，需要通话时按下；
11—选层按钮及指示；12—关门按钮

图3-1　常见电梯操纵箱

二、层站呼梯装置

一般地，电梯层站呼梯装置安装在厅门外离地面1.3~1.5 m右侧的墙壁上，其边缘距离厅门边缘0.2~0.3 m，如图3-2所示。群控、集选电梯的层站呼梯装置装在两台电梯的中间位置，如图3-3所示。

电梯各层站都会设置相应的呼梯装置，以供等候电梯的乘客用来呼叫电梯。当乘客按下呼梯按钮时，按钮内记忆信号灯亮，告知乘客呼叫已被记忆。在有司机操作状态下，轿内操纵箱上的蜂鸣器发出鸣响，告知司机某站有人在等候用梯。同时，操纵箱面板上的呼梯灯亮，告知司机候梯乘客所在的层站与欲去的方向。在无司机操作状态下，层站呼梯装置的呼梯信号则直接反馈到控制系统，由控制系统根据电梯的运行信号控制电梯运行。当电梯到达乘客所在层站的应答呼梯后，呼梯记忆灯便自动熄灭。

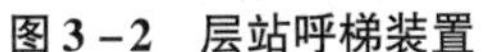

图 3－2　层站呼梯装置　　　　**图 3－3　群控、集选电梯呼梯装置**

层站呼梯装置一般包括底层单按钮呼梯装置（带消防开关和按钮）、中间层双按钮呼梯装置和顶层单按钮呼梯装置三种，如图 3－4 所示。

（1）底层单按钮呼梯装置（带消防开关和按钮）：一般是装在有自动门电动机的电梯基站厅门旁，单只按钮只标有上行箭头，但装有钥匙开关，司机在厅外基站可通过钥匙接通开门或关门控制环节，将门开启或关闭。

（2）中间层双按钮呼梯装置：安装在所有电梯的中间层站上，装置上有向上、向下两个按钮，乘客可根据自己欲去的楼层，按下相应方向的呼梯按钮。

（3）顶层单按钮呼梯装置：装在电梯最高层站（顶站）的厅门旁。等候在层站外的乘客按下装在呼梯装置上的标有向下箭头的按钮，呼梯信号便迅速被送入电梯控制系统。

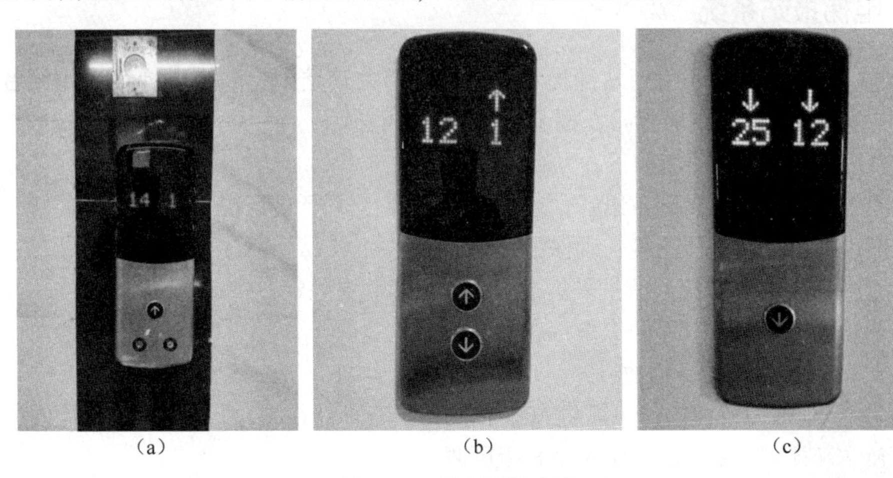

（a）　　　　（b）　　　　（c）

图 3－4　层站呼梯装置

（a）底层单按钮呼梯装置（带消防开关和按钮）；（b）中间层双按钮呼梯装置；（c）顶层单按钮呼梯装置

三、电梯楼层数码显示器

电梯楼层显示功能在电梯运行和使用中不可缺少。在电梯系统中，常常需要将电梯的运行情况通过数字、字母、符号等直观地显示出来，供用户和维修人员使用或监视。这样的器件称为电梯楼层数码显示器，如图 3－5 所示。

图 3－5　电梯楼层数码显示器

数码显示器件又称数码管，根据其发光物质的不同大致可分为 4 类：气体放电辉光显示器（如辉光管等）、荧光显示器（如荧光数码管等）、半导体显示器（又称发光二极管 LED 显示器）和液晶显示器。

为了节省硬件端口、增强显示亮度、节约能耗、充分利用计算机的快速运算能力，电梯上的多段 LED 显示器多采用动态扫描方式。为了显示更多字符，电梯上多采用 5×7 LED 点阵显示器，点阵显示器的驱动方法多采用行扫描或列扫描，行扫描是逐行点亮相应的点，列扫描则是逐列点亮相应的点。与多段 LED 显示器相比，点阵 LED 显示器显示的字符更加丰富多彩，字形更加美观，还可以显示汉字。

四、电梯报站系统

早期电梯的到站提示采用到站钟提示，现代电梯尤其是中、高档电梯均采用语音报站功能，对电梯轿厢位置进行实时播报，提示乘客上、下电梯。

电梯报站系统的具体功能如下：

（1）不仅可以播报电梯到站语音，还可以对电梯上/下行进行提示；

（2）通过电梯自动复位系统，确保报站的准确度；

（3）通过 RS232 线连接到信号采集端，使信号传输更稳定；

（4）外插数码管显示电梯的工作状态；

（5）支持 MP3 格式语音播放；

（6）采用 SD 卡播放模块，只需将 MP3 格式的语音存储在 SD 卡中，就可以播放；

（7）独立音频放大系统，音量大小 8 级可调；

（8）电源输入范围为 DC 9～24 V，即使是在电网不稳定时，也一样可以工作自如；

（9）静态工作电流小，耗能低，体积小，方便在狭小的电梯通道中安装。

任务二　电梯平层相关装置

一、平层装置

平层是指轿厢接近停靠站时，使轿厢地坎与层门地坎达到同一水平面的动作。平层装置就是用来使轿厢运行到达平层要求的。为了避免乘客在出入电梯轿厢和搬运货物时由于平层不合标准而可能引起设备和人身伤害故，各种型号电梯都设有平层装置。

电梯的平层装置一般都采用永磁感应器或光电传感器为主要元件的平层装置。其中，永磁感应器平层装置应用较为广泛，随电梯发展，现在越来越多的电梯也开始采用光电传感器平层装置。图 3 –6 所示为平层感应器的外观。

（a）

（b）

图 3 –6　平层感应器的外观

（a）永磁感应器；（b）光电感应器

1. 永磁感应器平层装置

永磁感应器一般装在轿顶规定的位置上，跟随轿厢一起运动。在井道中间隔一定的距离按楼层数的多少设置了相应数量的井道隔磁板，井道隔磁板的长度随电梯升降速度的改变而改变，原则上，速度越高，要求换速的距离越大，隔磁板的长度就越长。

永磁感应器一般由磁钢、封闭磁路板、舌簧管插头座及尼龙盒组成，如图 3 –7 所示。永磁感应器采用干簧管作为开关元件，永磁钢作为磁场。电梯运动时，在永磁钢磁场力的作用下，干簧管内的触点断开，平层电路断电，电梯正常运行。当电梯进入平层区域，隔磁板插入永磁感应器，在隔磁板的作用下，干簧管簧片动作，干簧管内的触点接通，平层电路通电，控制柜内的控制系统接收到该信号后，发出指令使电梯减速，实现平层、开门等动作。永磁感应器具有灵敏度高、动作可靠、使用寿命长（≥12 万次）、开关响应速度快（≤5 ms）、安装方便、没有电耗等优点。

2. 光电感应平层装置

光电感应器运用红外对射原理对平层信号进行判断和控制，其平层控制原理与永磁感应器相同。二者的区别在于光电感应器是由一个发射端和一个接收端组成红外线对射机构，在电梯运行时，接发端接收到发射端发出的红外光，光电感应器通电，电梯正常运行。当电梯进入平层区域，遮光板插入光电感应器，接收端接收不到发射端发出的红外光，光电感应器断电，电梯减速停车。光电感应器的灵敏度、准确度要高于永磁感应器，但在使用中要注意发射、接收部位的清洁，否则会影响电梯正常工作，甚至造成运行故障。

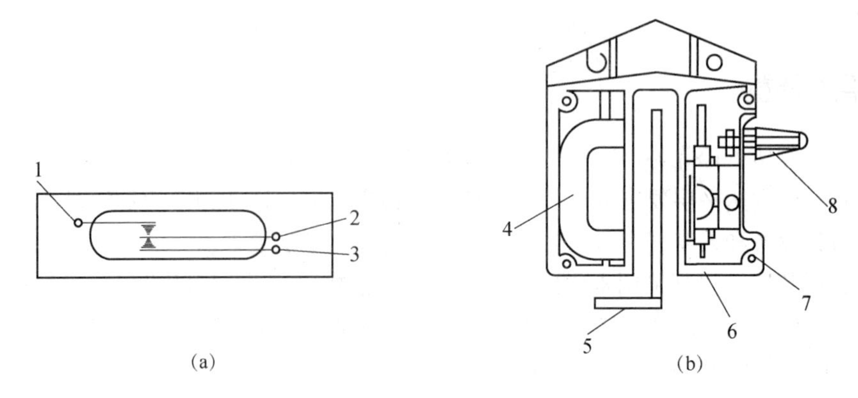

1—动合触点；2—切换触点；3—动断触点；4—U 形磁钢；5—隔磁板；6—干簧管；7—盒体；8—接线端

图 3－7 永磁感应器结构

(a) 干簧管感应器；(b) 干簧管继电器

现代电梯一般安装有上、下平层感应器，上、下再平层感应器，开门感应器。在继电器控制的老电梯中还会安装有停层感应器，用来检测轿厢在井道中的位置。

(1) 上、下平层感应器：一般装在轿厢龙门架上。在井道中规定的位置上，每层设置一只隔磁板或遮光板。随着电梯的升降，在到达平层区域时，平层感应器插入隔磁板或遮光板，使感应器触点断开，电梯控制系统发出减速指令，电梯减速运行。当上、下平层感应器均进入隔磁板或遮光板时，便切断上升或下行接触器的电源，制动器动作实现平层停车。

(2) 上、下再平层感应器：分别装在上、下平层感应器的上端和下端，如果轿厢冲过平层区域而向上或向下移动时，上、下再平层感应器将会冲出隔磁板或遮光板，其内部触点重新接通，电梯慢车装置反转拉车，直至电梯正确平层为止。

(3) 开门感应器：用于具有自动开门电动机构的电梯，安装在上、下平层感应器的中间，同样由井道隔磁板或遮光板对其发生作用。当电梯进入平层区域，隔磁板或遮光板插入开门感应器的气隙内时，电梯做好开门准备。当电梯正确平层后，开门继电器最后一个动合点闭合，轿、厅门打开。

(4) 停层感应器：安装在每层楼井道导轨的感应器架上。当轿厢在到达有命令登记的楼层时，装设在轿厢旁的隔磁板或遮光板插入停层感应器，控制系统由快车转慢车进行换速，同时轿厢进入自动平层区域。

二、旋转编码器

1. 旋转编码器在电梯控制系统中的重要作用

在传统电梯中，为了检测电梯在井道中的相对位置，以供电梯控制系统准确判断轿厢在井道中的位置，进而控制电梯的运行方向，使电梯准确平层。传统的井道位置检测是利用在井道中不同位置安装的舌簧管感应器来实现的，根据舌簧管感应器的通断来判断轿厢的位置。这种方式需要设置很多舌簧管感应器，控制中心需要很多的信号输入点，电路布置也很麻烦，不适应现在高层电梯的发展需求。因此，现代电梯利用旋转编码器进行轿厢井道位置的检测，取代了楼层舌簧管感应器和平层舌簧管感应器，这样可以减少控制中心的输入点数，而且还减少了在井道中的安装作业强度和运行故障。电梯层站数越多，节约的输入点数越多，越能体现旋转编码器的优点。利用旋转编码器，除了减少很多井道中的机械安装工作外，还大大简化了电梯的调试工作，如调整换速距离、平层位置等，只需通过调整计算机内存储器存储的脉冲数即可，不用再进入井道中改变感应器的实际位置，也可避免由于舌簧管感应器机械损坏造成的停机事故等。

2. 旋转编码器的原理和特点

旋转编码器是集光、机、电技术于一体的速度位移传感器，其外观如图 3－8 所示。当旋转编码器轴带动光栅盘旋转时，经发光元件发出的光被光栅盘的缺缝切割成断断续续的光线，接收元件接收到这些断断续续的光线后将其转换为初始信号。该信号经后继电路处理后，输出脉冲或代码信号。电梯控制系统根据这些脉冲信号，计算、判断出电梯轿厢在井道中移动的距离，从而判断出电梯轿厢在井道中的位置。旋转编码器具有体积小、质量轻、品种多、功能全、频响高、分辨力高、力矩小、耗能低、性能稳定、可靠使用、寿命长等优点。

图 3－8　旋转编码器的外观

旋转编码器按输出特性可分为光电式旋转编码器、磁动式旋转编码器、静电电容式旋转编码器和电磁感应式旋转编码器。电梯控制中常用的旋转编码器为光电式旋转编码器，其优点如下：

（1）周期性结构的标准物均由玻璃材料制成，历久不变形。

（2）精确度高、耐久性良好，主尺和副尺上的刻线精度，可以利用激光干涉测量仪校验，最小条纹间隔值可达 20 μm 乃至 10 μm。

（3）良好的保护构造，具有防油防尘的特性，在切割加工的环境中可进行精密测量工作，使用寿命长。

（4）维护容易，测量时两尺之间无直接接触，即使移动也不会产生磨损。

旋转编码器按工作原理可分为增量式旋转编码器、绝对值旋转编码器和正弦波旋转编码器，在电梯控制中常用的是增量式旋转编码器。

增量式光学编码器由带栅格的光码盘、发光元件和光敏元件组成，如图 3－9 所示。其中，码盘安装在曳引机输出轴的轴端上，且其上均匀分布格栅和零点缝隙。当电梯开始运行时，码盘随着曳引机的输出轴一起旋转，发光元件发出的光线有一部分被码盘挡住，一部分透过码盘的格栅射向接收元件，因此接收元件接收到的是断断续续的光线，这些断断续续的光经过处理后，就转换为脉冲信号输出至控制中心。通过观察我们还可以发现增量式光学编码器的两颗光敏元件的安装位置相隔一定距离，这使电梯运行时，两光敏元件接收到光线的先后顺序有所不同。当输出轴以顺时针方向旋转时，A 光敏元件先于 B 光敏元件接收到光线；当输出轴逆时针旋转时，A 光敏元件晚于 B 光敏元件接收到光线，由此可判断出电梯是正转还是反转。

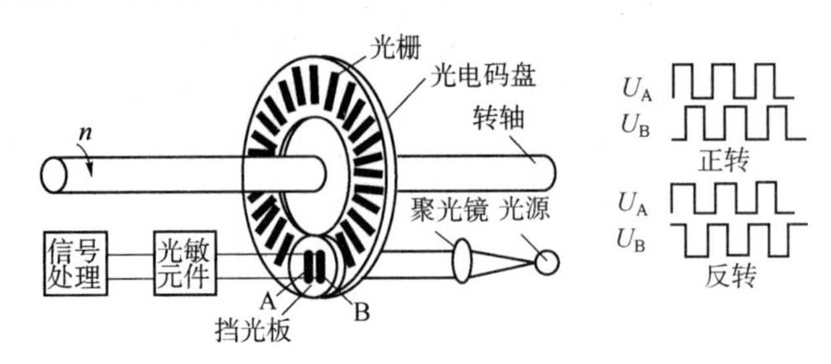

图 3－9　增量式光学编码器结构示意图

增量式编码器每旋转一周就会有一束光从零点缝隙通过，即光敏元件在输出轴每旋转一周接收到一次光信号，继而发出一个脉冲，这个脉冲称为零位脉冲或标识脉冲，用于决定零位置标识位置，也用于判断电梯输出轴的旋转周数，从而计算出电梯轿厢的运行距离，也就知道了电梯在井道中的位置。当司机或乘客进行选层操作时，选层信号被判定有效后，电梯便启动。旋转编码器随之旋转，其脉冲输出端输出脉冲信号，此脉冲信号通过变频器分频后传入控制系统的高速计数器的脉冲输入端点，最后被送入控制系统内部高速计数器的存储单元。控制系统不断读取高速计数器存储单元中的计数值，当该计数值累加达到换速点脉冲数时，控制系统发出换速信号，电梯减速继续运行；当该计数值累加达到平层脉冲数时，控制系统发出平层信号，电梯进行停车平层，其工作流程如图 3－10 所示。

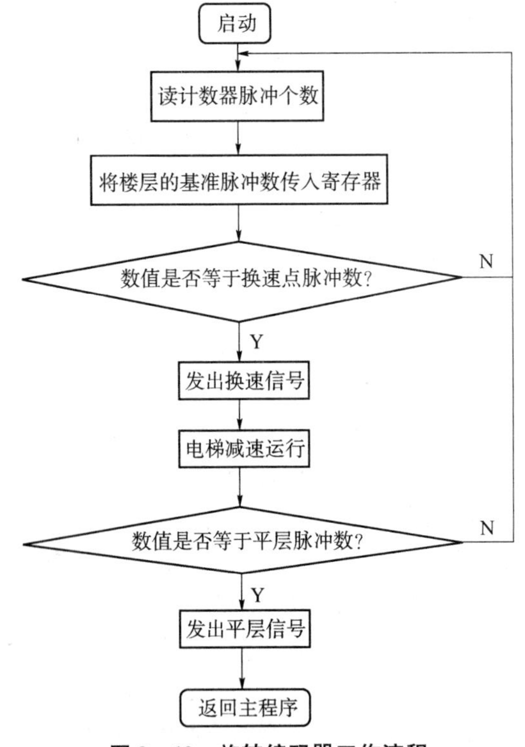

图 3－10　旋转编码器工作流程

三、电梯应急平层装置

以前，电梯在使用过程中如遇到供电系统故障（如缺相、停电、火警）或电梯软故障（如非电梯安全回路、门锁回路故障），导致乘客被困，我们采取的措施只能是安抚乘客，等待专业人员进行手动盘车救援，这对被困人员的生命及财产安全构成了严重威胁。电梯应急平层装置在上述情况发生时，能够自动投入工作，将电梯轿厢缓慢运行到就近层站平层、开门，让乘客安全走出电梯。

电梯应急平层装置的功能特点如下：

（1）采用电气互锁结构，当电梯正常运行时，装置处于静态守候状态；当发生电网故障、电梯软故障时，立即投入工作、并将电梯控制回路切换为应急运行状态。在救援过程中外电网的恢复不影响其正常工作。

（2）与电梯之间的控制转换全部采用静态触点，确保进行救援前电梯的正常工作。

（3）在应急救援过程中，检测电梯系统的安全回路、门锁回路及检修回路，确保救援过程中该装置的安全运行。

（4）在应急救援过程中，提供语音提示、电梯照明电压能够增加被困乘客的安全感。

（5）在应急救援结束后，该装置自动进入静态守候状态。

（6）采用变频器专用高速 CPU、汽车级芯片，抗干扰能力极强；采用 IPM 大功率驱动模块，能以低频、低压、大力矩驱动；采用 SPWM 调制及电流闭环控制，运行曲线平滑，零速抱闸停机。因此运行平稳，平层精度高，安全、舒适，可靠性高。

（7）采用免维护蓄电池，充电器具有过流过压保护功能，采用充电和开关两路电源方式，采用恒流恒压充电方式，智能充放电系统能够最大限度保护蓄电池

（8）应由专业技术人员安装调试。

（9）不投入使用时应断开电池开关、电网开关及控制开关。

（10）电梯应急运行试验时，连续使用不宜超过 10 次，且每次不超过 2 min。

任务三　常用电气安全装置

1. 相序继电器

对交流电梯，尤其是交流双速货梯，如发生错相将导致电梯逆向运行，控制与驱动混乱，后果不堪设想；如果电梯供电电源断相，导致电动机长时间缺相，将会烧毁电动机。因此，在交流电梯中设置防止电梯供电电源错、断相的检测与保护装置是十分必要的。电梯中常用相序继电器（见图 3－11）来解决这一问题，当电源错、断相时，相序继电器动作，切断电梯安全控制回路，阻止电梯继续运行。

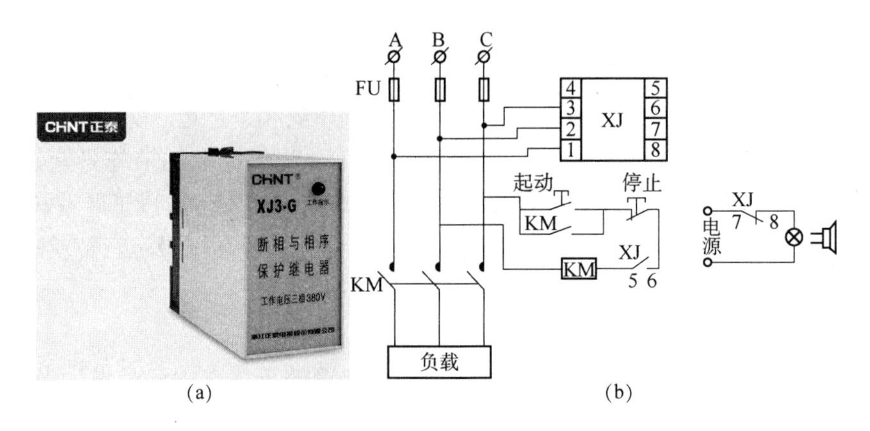

(a) (b)

图 3－11 相序继电器

(a) 相序继电器外形图；(b) 相序继电器接线图

2. 过载及短路保护装置

为了防止电梯过载或电路短路而引起事故，常采用过流保护器、热继电器和熔断器来进行保护。一般将过流保护器、热继电器和熔断器统称为过载及短路保护装置，外观如图 3－12 所示。对直流电梯而言，直流发电机的交流原动机用热继电器作为过热保护，直流电动机用瞬时动作为过流继电器来保护；对交流电梯而言，交流电动机用热继电器作为过热保护，用熔断器作为短路保护。热继电器、过流继电器、熔断器都直接控制着电梯的安全控制回路，一旦电梯发生过载或短路事故，热继电器、过流继电器和熔断器就会动作，切断电梯控制回路，使电梯不能运行。

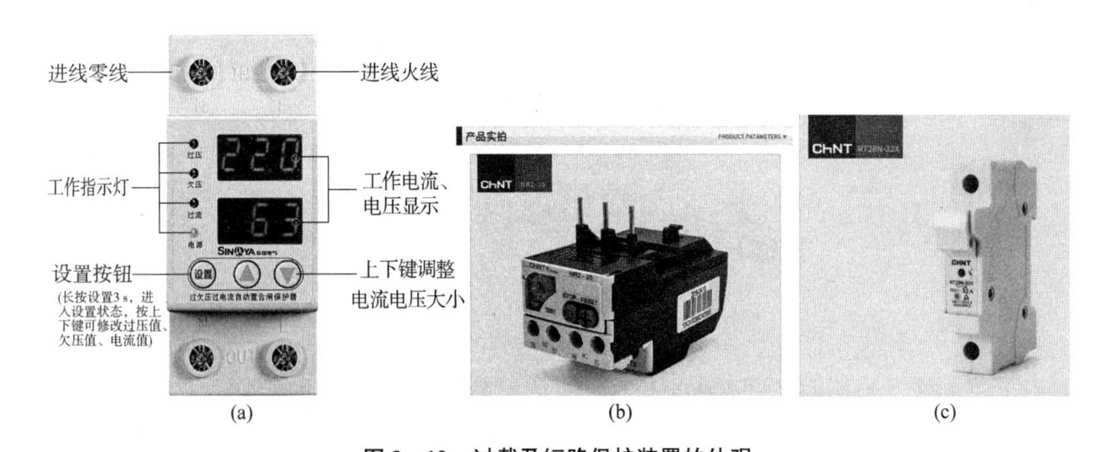

(a) (b) (c)

图 3－12 过载及短路保护装置的外观

(a) 过流保护器；(b) 热继电器；(c) 熔断器

3. 自动门锁

门锁是锁住层门，使其不被随便打开的重要安全保护机构。当电梯正常运行且未停站时，各层层门都被门锁锁住，不能从外面将厅门强行打开。只有当电梯停站时，相应层门才能被安装在轿门上的开门刀带动开启。

门锁分主门锁和副门锁两套，主门锁是锁闭厅门的主要装置，需要通过门刀带动开启；副门锁一般用来防止当厅门门绳或联动装置断开以后，没有安装主门锁的另一扇门被打开。有些电梯可能只设计有主门锁，副门锁使用的是电气开关。

门锁装置一般安装在层门门挂板内侧上方，分为手动开关门的拉锁和自动开关门的钩子锁两种。其中，手动拉锁现已明令禁止使用。钩子锁又称自动门锁，其结构有多种，基本原理是利用平面连杆自锁原理，主要由锁轴、连接板、橡胶轮、锁钩板（臂）、锁钩挡块（板）撑牙、门锁电气开关触点等组成，如图 3 – 13 所示。

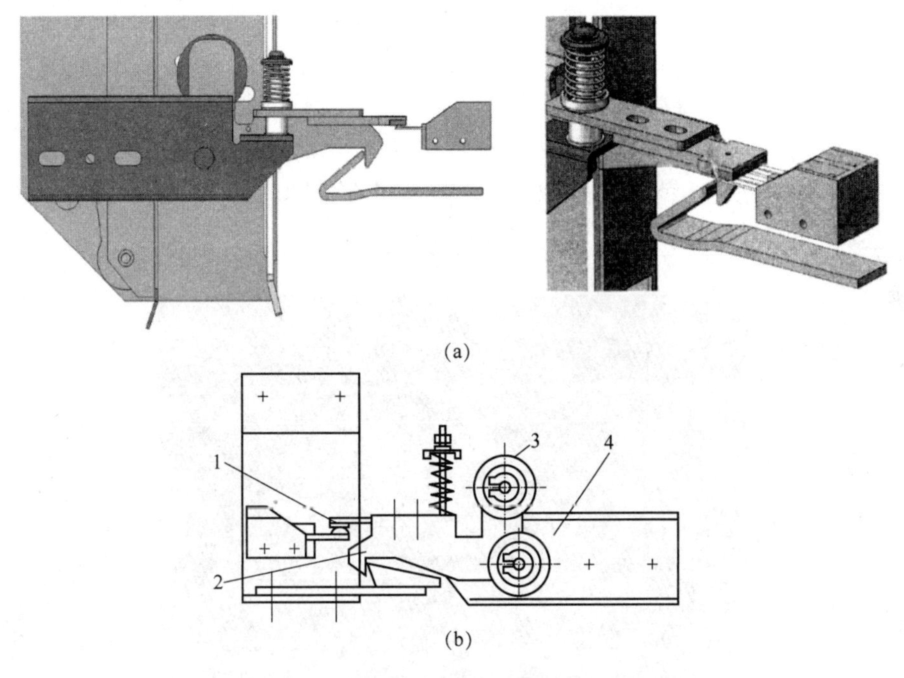

1—门电联锁触点；2—锁钩；3—锁轮；4—锁底板

图 3 – 13　自动门锁装置

(a) 自动门锁示意；(b) 自动门锁结构

自动门锁的工作原理：门联锁触点的左上部与门锁底板一起安装在厅门门挂板上，随着门扇同步运动；右半部分与门锁底座固定在厅门的门框上。当电梯到达平层时，轿门上的门刀插入到门锁两滚轮之间。门刀向右移动，促使右边的锁轮绕销轴转动，使锁钩脱开，实现开锁。在开锁过程中，左边的锁轮快速接触门刀，当两锁轮被门刀夹持之后，右边的锁轮停止绕销轴转动，层门开始随刀片一起向右移动，直到门开到位。厅轿门关闭时，门刀推动左边的橡胶锁轮，右边的锁轮和锁钩不发生转动，并随着厅门扇朝关门方向运动。当厅门关闭时，锁钩在复位弹簧的作用下与锁座配合，实现厅门上锁。门刀用螺栓紧固在轿门上，并保证在每一层站均能准确插入门锁的两个滚轮之间。图 3 – 14 所示为门刀与滚轮的外观。

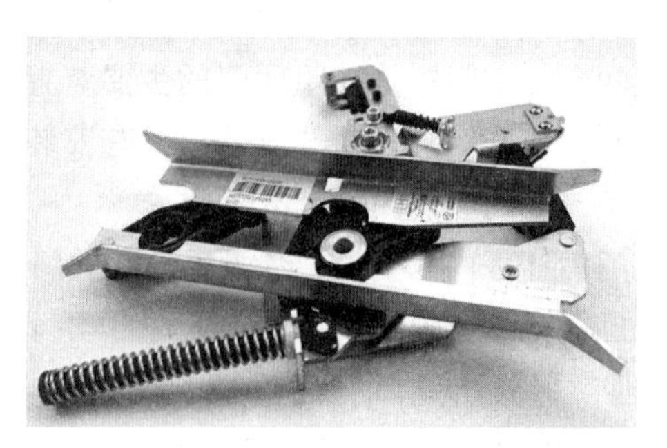

图 3 – 14　门刀与滚轮的外观

4. 层门紧急开锁装置

为了方便救援人员或维修人员从厅门外打开厅门进行救援和维修，每层的厅门上都会安装有厅门紧急开锁装置，此开锁装置由三角钥匙锁、开锁拨块、拉杆组成，如图 3 – 15 所示。三角钥匙锁和开锁拨块装在厅门门扇上，拉杆装在自动门锁上。通过开启三角钥匙锁，扭动开锁拨块，推动拉杆使锁钩脱落，即可实现开锁。

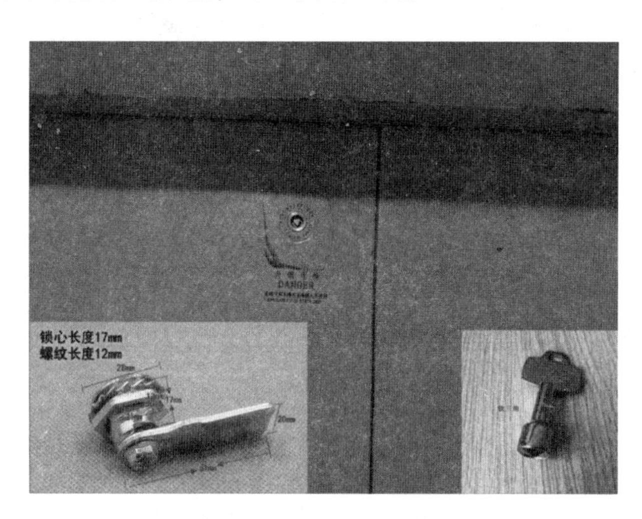

图 3 – 15　层门紧急开锁装置

5. 终端保护开关

如图 3 – 16 所示，终端保护开关由强迫减速开关、限位开关、极限开关组成，分别安装在井道的顶层和地坑，且分为上极限开关、上限位开关、上强迫减速开关、下强迫减速开关、下限位开关、下极限开关。强迫减速开关、限位开关分别作为电梯上、下端站的强迫减速和限位之用。根据电梯的运行速度可设若干只减速开关，速度越高，减速开关设置得越多，具体数量是根据人体能承受的减速度而确定的，一般速度为 1 m/s 的双速交流电梯，只设一只减速开关。而不论电梯运行度的快慢均设一只限位开关，起到限制轿厢超越行程的作用。

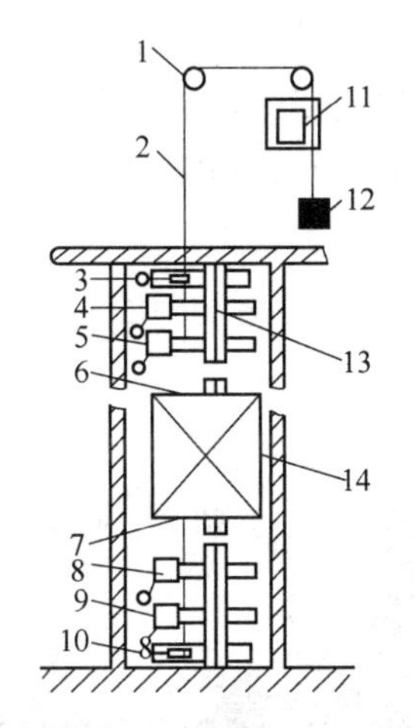

1，13—导轨；2—钢丝绳；3—极限开关上碰轮；4—上限位开关；
5—上强迫减速开关；6—上开关挡板；7—下开关挡板；
8—下强迫减速开关；9—下限位开关；10—极限开关下碰轮；
11—终端极限开关；12—张紧配重；14—轿厢

图 3－16　行程终端保护装置

电梯应设有极限开关，并应设置在尽可能接近两端站起作用而无误动作危险的位置上，且应在轿厢或对重接触缓冲器之前起作用，并在缓冲器被压缩期间保持其动作状态。

6. 液压缓冲器复位开关

液压缓冲器复位开关的作用在于监视液压缓冲器是否动作，动作后是否能恢复到原来位置，如不能恢复至原位置则说明该缓冲器发生故障，这将对下一次动作的安全性带来威胁，此时液压缓冲器复位开关能自动切断电梯的控制回路，使电梯停止运行。图 3－17 所示为液压缓冲器复位开关的外观。

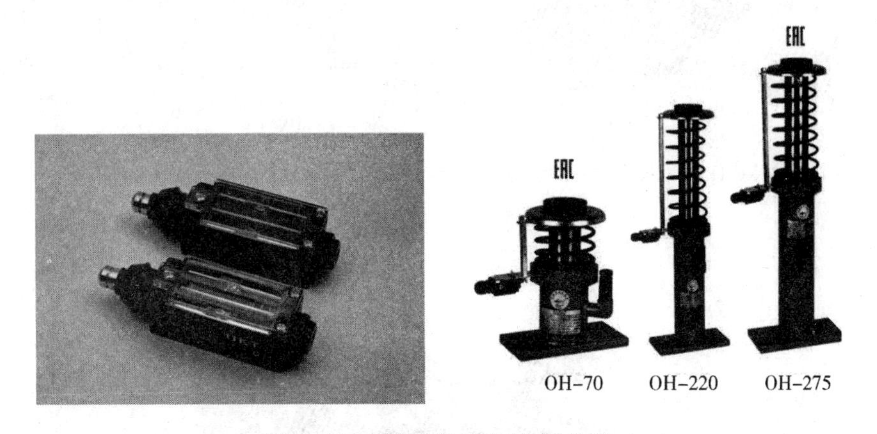

图 3－17　液压缓冲器开关的外观

7. 超速及断绳保护

由限速器（见图 3－18）、安全钳（见图 3－19）、限速器张紧装置（见图 3－20）组成的电梯运行超速保护装置，在电梯运行过程中十分重要。限速器和安全钳上都设有电气安全开关，被串联在电梯安全回路中。限速器张紧装置的作用是，如限速器钢丝绳断裂，限速器张紧装置坠落，张紧轮上的电气开关动作，切断电梯电气安全回路。当轿厢下降速度达到电梯额定速度的115%时，限速器动作，限速器上电气开关切断电梯安全回路，限速器钢丝绳提拉安全钳，将轿厢掣停在导轨上，使电梯停止运行。图 3－21 所示为限速装置与安全钳联动示意。

图 3－18　限速器外观

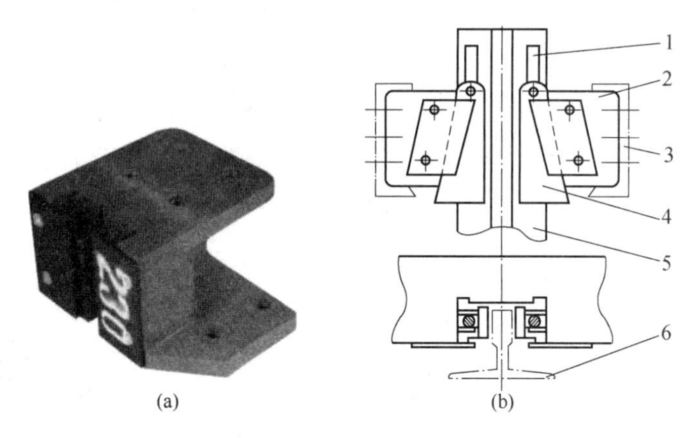

1—拉杆；2—安全钳座；3—轿厢下梁；4—楔（钳）块；5—导轨；6—盖板

图 3－19　瞬时式安全钳

（a）安全钳外观；（b）安全钳结构

图 3－20　限速器张紧装置外观

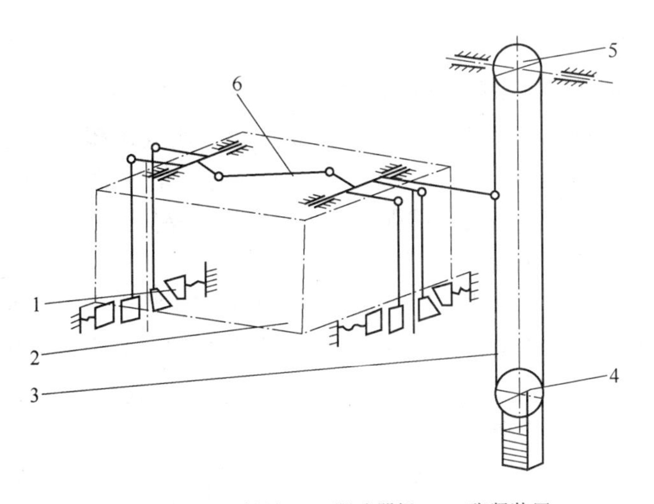

1—安全钳；2—轿厢；3—限速器绳；4—张紧装置；
5—限速器；6—安全钳操纵拉杆系统

图 3－21　限速装置与安全钳联动示意

8. 限速器及补偿装置的松绳及断绳开关

限速器及补偿装置的钢丝绳经长期使用后，可能会延伸或发生意外断绳，此时断绳开关能自动切断电梯控制回路，使电梯停止运行，起安全保护作用。松绳及断绳开关安装于张紧轮碰块以下 50～100 mm 处，开关支架可安装于轿厢导轨和补偿轮位开关张紧装置导向槽附近。

9. 急停保护

为了维修人员的安全及紧急状况下制停电梯，在电梯的机房、轿厢操纵板、轿顶检修盒、底坑检修盒上都装有急停开关，其外观如图 3－22 所示。急停开关是电梯维修中非常重要的安全保障，在紧急情况下，按下这些按钮，可使电梯紧急刹车，保证维修人员和设备的绝对安全，根据国家相关标准，急停按钮应标识明确（红色标牌），功能可靠，动作灵活。

图 3－22　急停开关的外观

10. 超载保护

电梯中的超载保护装置用来防止载重过量，当轿厢载重达到110%额定载荷时，安装在轿底、轿顶或机房的超载保护装置通过微动开关动作，使电梯超载功能开启（超载灯亮，铃响不关门、不走梯）。对于集选控制电梯，当载重量达到电梯额定载重80%～90%时，电梯显示满载，接通直驶电路，且运行过程中不应答厅外截停信号。只有载重量减轻达到额定载荷的80%以内，电梯方可恢复正常运行状态。

电梯的超载装置具有多种形式，但都是利用称重原理，将电梯轿厢的载重量通过称重装置反映到超载控制电路。超载装置按其在电梯上安装的位置，分为以下几种。

（1）轿底称重式超载装置。轿底称重式超载装置是一种比较常见的超载保护装置，按结构形式又可分为活动轿底式和活动轿厢式。

① 活动轿底式。活动轿底是指轿底与轿厢是分离的。轿厢壁安装在轿底框上，轿底浮支在称重装置上，这样轿底能随着载重量的增减，在轿厢体内上下浮动，因此称为活动轿底式超载装置。

② 活动轿厢式。这种形式的超载保护装置，采用橡胶块作为称重元件，橡胶块均布置在轿底框上，有6～8个，整个轿厢安装在橡胶块上，通过橡胶块的压缩量来反映轿厢的载重量。此外，在轿底框中间装有两个微动开关（见图3－23），一个在80%额定载重量时起作用，确认电梯为满载运行，切断电梯外呼电路，只响应轿厢内的呼叫，直驶到达轿内呼叫的楼层，并在内外呼系统的显示器上显示满载；另一个在110%额定负重时起作用，确认电梯超载，切断电梯控制电路，并使正在关门的电梯停止关门并保持开启状态，同时发出超载警报和显示超载字样，直到载重量重新降至额定载重量的110%以下，轿底回升不再超载，控制电路重新接通。触碰开关的螺钉直接装在轿厢底上，只要调节螺钉的高度，就可调节对超载量的控制范围。图3－24所示为活动轿厢式超载装置的结构。这种结构的超载保护装置具有结构简单，动作灵敏等优点。此外，由于橡胶块既是称重元件，又是减振元件，因此大大简化了轿底结构，使电梯的调节和保养维修都更简便。

图3－23 超载微动开关

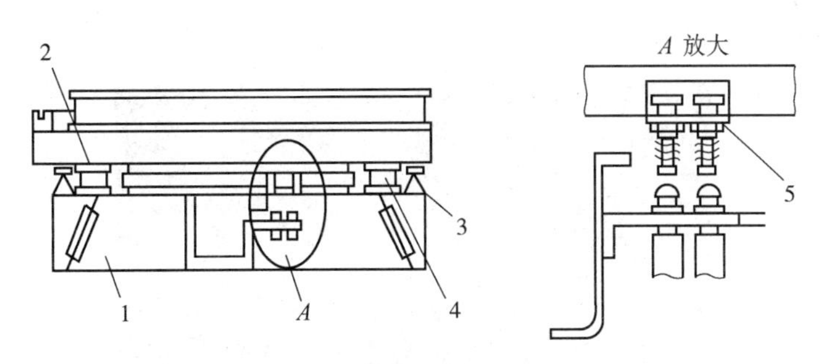

1—轿底框；2—轿厢底；3—限位螺钉；4—橡胶块；5—微动开关

图 3－24　活动轿厢式超载装置的结构

（2）轿顶称重式超载装置。图 3－25 所示为机械式轿顶超载装置的结构，以压缩弹簧组作为称重元件。秤杆的头部铰支在轿厢架上梁 3 的秤座上，尾部浮支在弹簧座上。超载摆杆 1 装在上梁上，尾部与上梁铰接。采用这种装置时，绳头板装在秤杆上，当轿厢负重变化时，秤杆就会上下摆动，牵动摆杆也上下摆动，当轿厢负重达到超载控制范围时，摆杆的上摆量使其头部碰压限位开关 5 触头，切断电梯控制电路。

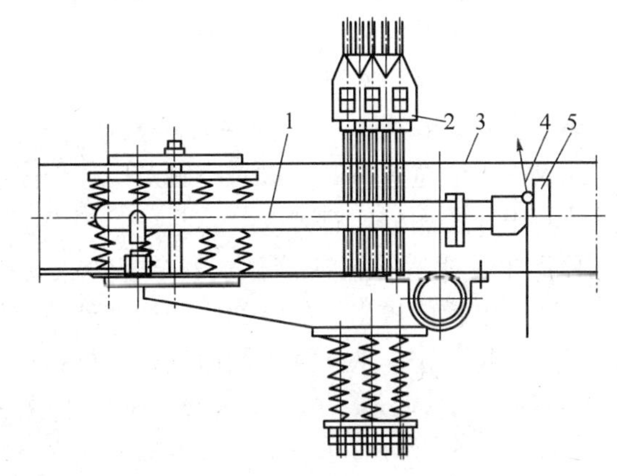

1—超载摆杆；2—绳头组合；3—轿厢架上梁；4—动作方向；5—限位开关

图 3－25　机械式轿顶超载装置

（3）机房称重式超载装置。当轿厢不便于安装超载装置时，如果电梯的曳引比是 2∶1，则可在电梯机房内曳引钢丝绳头板上设置超载装置，其原理与轿顶式超载保护装置差不多，也是利用曳引钢丝绳头上的弹簧作为传感元件，触动微动开关，使超载回路起作用。由于这种超载装置装在机房内，故具有调节、维护保养方便等优点。但它和轿顶式超载装置相比灵敏度不如轿底超载装置的高。

11. 检修开关

在电梯机房控制柜、轿顶、轿厢操纵厢内都装有“检修/运行”开关（见图 3－26），该开关应是双稳态的（单刀双掷开关），并设有明显的防止意外操作的标识。此开关打向“检修”时，电梯便处于检修运行状态，此时电梯只能在按上行或下行按钮时点动运行，且运行速度不能超过 0.63 m/s。此开关打向“运行”，电梯便处于正常运行状态。“检修”“运行”开关的两个状态上应明确标出“检修”及“运行”字样，检修上、下行按钮应标明

“上”或“下”运行的方向。

图 3－26　电梯检修盒

12. 门入口安全保护装置

门入口安全保护装置的作用是防止电梯门在关闭过程中夹伤乘客，通常安装在电梯轿门门扇内侧。常见的门入口安全保护装置有以下几种。

（1）安全触板。图 3－27 为双折式安全触板，该装置由触板、控制杆和微动开关组成。触板宽度为35 mm，最大推动行程为 30 mm，一般装在轿门的边缘。当开关门电动机正在关门时，如果门的边缘触碰乘客或物件，安全触板微动开关立即动作，切断关门电路，使门停止关闭；同时接通开门电路，门重新被打开。一般情况下，对于中分式门，安全触板双侧安装；对于旁开式门，安全触板单侧安装，且装在快门上。

（2）光电传感器式。采用光电传感器，在门的左右两侧分别安装一个发光器和接收器，发出不可见光束，当乘客进入光束通过范围时，虽然不触及门，但是接收器会因接收不到发光器发出的光束而发出信号使正在关闭的门打开。

（3）红外线光幕。光幕由单片机等构成非接触式安全保护，安装在轿门两旁，用红外发光体发射一束红外光束，通过电梯门进出口的空间，到达红外接收体后产生一个接收的电信号，表示电梯门中间没有障碍物，这样从上到下周而复始进行扫描，在电梯门进出口形成一幅“光幕”。通常光幕由发射器、接收器、电源及电缆组成，如图 3－28 所示。安全光幕的红外发射和接收通路数目理论上最大可有 215 个，考虑到实际光幕的高度和上下通路之间的间距，一般不会超过 48 个。

图 3－27　双折式安全触板的外观

图 3－28　光幕的组成部件

（4）电磁感应式。借助于电磁感应原理，在门区内组成两组电磁场，任意一组电磁场的变化，都会作为不平衡状态出现。如果两组磁场不相同，表明门区有障碍物，探测器断开关门电路。

（5）超声波式。运用超声波传感器在轿门口产生一个 50 cm × 80 cm 的测绘范围，只要在此范围内有人通过，由于声波受到阻尼，就会发出信号使门打开。如果乘客站在检测区内超过 20 s，电梯关门功能自动解除；当乘客离开检测区，电梯门开始关闭时，超声波传感器恢复功能。

13. 照明、电风扇

照明、电风扇的作用是为乘客创造优雅和舒适的环境。照明有很多形式，简单的照明只需在轿厢顶上安装两盏荧光灯，而高级客梯的装潢照明则是十分考究的。安装时应根据设计要求，安装得既牢靠又美观。电风扇只需根据设计位置安装牢固即可。

任务四　电磁制动器及门电动机

一、电磁制动器

1. 制动器结构

电磁制动器是电梯一个重要的安全装置，它直接影响电梯乘坐的舒适性和平层准确度以及电梯的安全。对于有齿曳引机，电磁制动器安装在电动机轴与蜗杆轴相连的制动轮处；对于无齿曳引机，电磁制动器安装在电动机与曳引轮之间。如图 3－29 所示，电磁制动器主要由电磁铁、制动闸瓦和制动弹簧等组成。

1—电磁铁；2—制动臂；3—松闸量限位螺钉；4—制动弹簧；5—制动带；6—制动闸瓦

图 3－29　电磁制动器

（1）电磁铁。电磁铁的作用是松开闸瓦，有交流、直流之分。直流电磁铁结构简单、动作平稳、噪声小，因此电梯一般采用直流电磁铁。

（2）制动闸瓦。制动闸瓦用于销钉与制动臂相连，其特点是闸瓦可以绕铰点旋转，在制动器安装略有误差时，仍能很好地与制动轮配合。为了缩短制动器抱闸、松闸的时间和减少噪声，制动轮与闸瓦工作表面之间应有 0.5 ~ 0.7 mm 的间隙，此间隙可以通过制动臂上的定位螺钉进行调整。

（3）制动弹簧。制动弹簧的作用是压紧制动闸瓦，产生制动力矩。

2. 制动分类

电梯一般采用闸瓦式制动器和盘式制动器。

1）闸瓦式制动器

闸瓦式制动器分为外抱式制动器和内胀式制动器，如图 3 – 30 和图 3 – 31 所示，内胀式制动器一般用于大型无齿轮曳引机。

图 3 – 30　外抱式制动器

图 3 – 31　内胀式制动器

2）盘式制动器

盘式制动器（见图 3 – 32）以制动盘与摩擦片之间的轴向摩擦制动力成对比而达到相互平衡，其制动片和盘对数的数量影响着制动力矩的大小。盘式制动器结构紧凑，平面抱台，制动过程平稳；制动灵敏，散热性能好。与块式制动器相比，当制动轮的转动惯量相同时，盘式制动器的制动力矩更大。

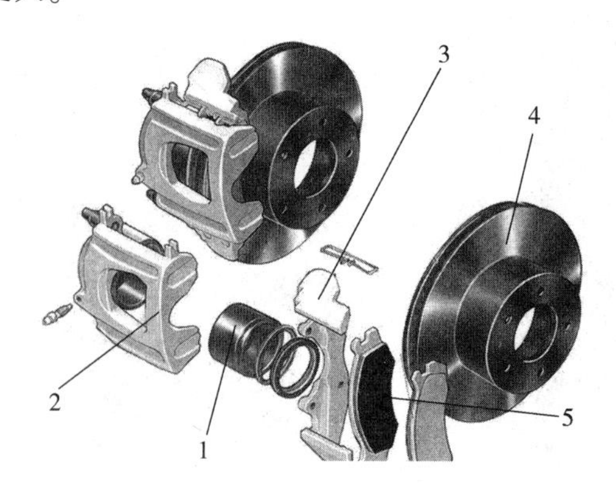

1—制动钳活塞；2—制动钳；3—制动钳安装支架；4—制动盘；5—摩擦片

图 3 – 32　盘式制动器

3. 制动器工作原理

通过对制动器的机构进行分析可以得知，制动器的电磁铁与电动机并联，当电动机停止时，电磁铁线圈无电流，两块铁芯之间无吸引力，制动瓦在制动弹簧的压力下抱紧制动轮，使电梯轿厢保持静止。当电梯起动，电动机通电时，制动器电磁铁线圈同时通电，使铁芯迅速磁化吸合并带动制动臂克服弹簧力使制动闸瓦张开，电梯得以运行。当电梯停站时，电动机断电，同时制动器电磁铁线圈断电，电磁力迅速消失，铁芯在制动弹簧力的作用下复位，闸瓦将制动轮抱紧，使电梯轿厢停止。

由此，制动器的制动过程是通过制动闸瓦与制动轮之间的摩擦来实现的，在这个过程中伴随着动能转化为热能的能量转换。如果电梯每次制动均要转换全部热能的话，闸瓦表面温度就会过高，使制动轮与闸瓦之间的摩擦系数减小，从而降低制动力矩。可通过在拖动控制系统中采用电气制动降速或零速抱闸制动技术，使制动过程中机械摩擦减到最低来解决这一问题。

装有手动盘车手轮的曳引机应该装有手动松闸装置，当进行手动盘车时，可用松闸扳手对双头螺栓均匀向下按压以使制动器处于松闸状态。

二、自动开关门电动机构

自动开关门电动机构安装于轿厢顶部，随轿厢一同运动，到达预选楼层平层后，按照程序或电路要求自动开门，开门或关门过程中自动进行速度调节，并具有安全防夹功能。自动开关门电动机构由于自动开关门方式具有操纵方便、效率高、减轻司机劳动强度等优点，因此得到了广泛的应用。

电梯厅轿门关闭和开启的动力源是门电动机，门电动机通过减速传动机构驱动轿门运动，再由轿门带动层门一起运动。一般关门平均速度低于开门平均速度，这是为了防止关门时将人夹伤。为防止电梯厅轿门关闭过程中门对人体造成冲击，需要对关门速度实行限制，我国《电梯制造与安装安全规范》中规定，当关门的动能超过 10 J 时，门扇的平均关闭速度要限制在 0.3 m/s 以下。

任务分析

本任务是了解电梯常用电动机的种类、结构与功能，掌握电梯常用电动机的工作原理，为后续学习各种品牌型号的电梯打下基础。

建议学时

建议完成本任务为 8 ~ 10 学时。

学习目标

（1）了解电梯常用电动机的种类和组成。

（2）掌握电梯常用电动机的功能。

（3）掌握电梯常用电动机的运行原理。

电动机是整部电梯电力驱动的核心部件。电梯的电力运行系统由曳引电动机作为驱动源，开关门控制系统由门电动机作为驱动源。电梯控制系统中曳引电动机的种类很多，有直流电动机、三相交流异步电动机、永磁同步电动机及直线电动机等。开关门控制系统中，门电动机多采用直流电动机或三相交流异步电动机，也有用永磁同步电动机作为门电动机使用的。本项目就电梯电力控制系统中常用电动机的结构、原理加以介绍。

任务一　直流电动机的基本原理和结构

一、概述

直流电动机的优点：

（1）调速范围广，易于平滑调节；

（2）起动、制动转矩大，易于快速起动、停车；

（3）易于控制。

直流电动机的缺点：

与异步电动机相比，直流电动机的结构更复杂，使用和维护不如异步电动机方便，而且要使用直流电源。

直流电动机的应用：

（1）电梯、轧钢机、电气机车、中大型龙门刨床等调速范围大的大型设备。

（2）用蓄电池做电源的设备，如汽车、拖拉机等。

二、工作原理

直流电动机是根据通电流的导体在磁场中会受力的原理来工作的，即电工基础中的左手定则。电动机的转子上绕有线器，通入电流，定子作为磁场线也通入电流，产生定子磁场，通电流的转子线圈在定子磁场中，就会产生电动力，推动转子旋转。转子电流是通过整流子上的碳刷连接到直流电源的。如图 4－1～图 4－4 所示。

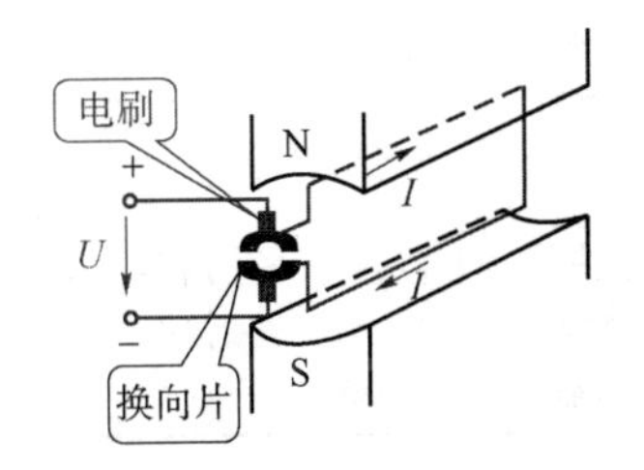

图 4－1　直流电动机内部结构

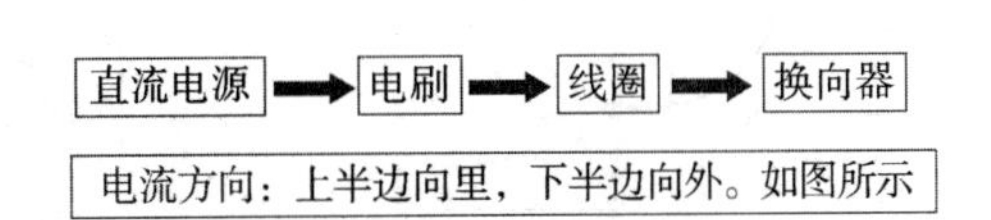

图 4－2　直流电动机电流方向

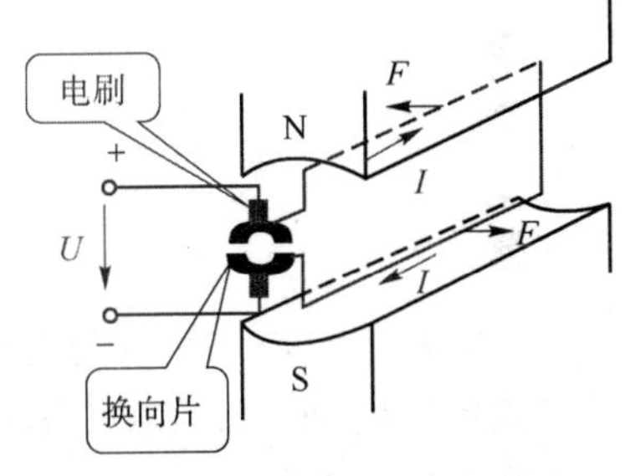

图 4－3　直流电动机磁场力的方向

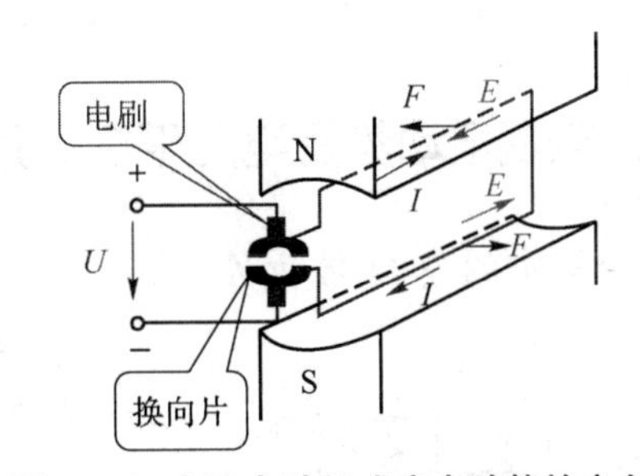

图 4－4　直流电动机感应电动势的方向

注意：（1）换向片和电源固定连接，线圈无论怎样转动，总是上半边的电流向里，下半边的电流向外，电刷压在换向片上。

（2）由左手定则，通电线圈在磁场的作用下，使线圈逆时针旋转。

由右手定则，线圈在磁场中旋转，将在线圈中产生感应电动势，感应电动势的方向与电流的方向相反。

三、直流电动机的构成

直流电动机由转子、定子和机座等部分构成。

1. 转子

转子又称电枢，由铁芯、绕组（线圈）、换向器组成。

2. 定子

1）定子的分类

永磁式：由永久磁铁做成；

励磁式：磁极上绕线圈，然后在线圈中通直流电，形成电磁铁。

2）励磁式电动机

磁极上的线圈通以直流电产生磁通，称为励磁。励磁式直流电动机结构如图 4－5 所示。根据励磁线圈和转子绕组的连接关系，励磁式的直流电动机分类如下。

他励电动机：励磁线圈与转子电枢的电源分开；

并励电动机：励磁线圈与转子电枢并联到同一电源上；

串励电动机：励磁线圈与转子电枢串连接到同一电源上；

复励电动机：励磁线圈与转子电枢的连接有串联也有并联，接在同一电源上。

不同的励磁式电动机电路如图 4－6 所示。

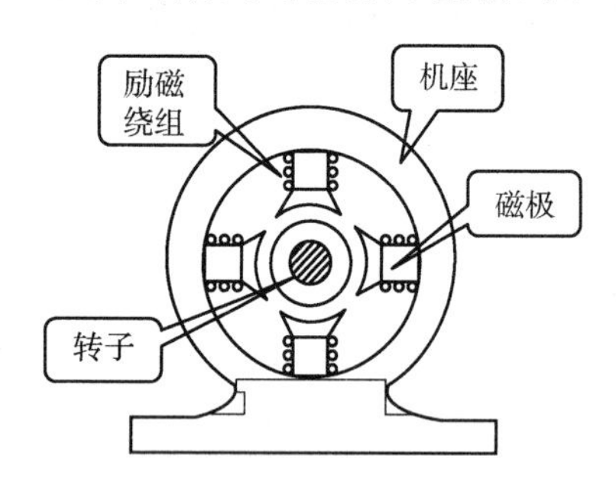

图 4－5　励磁式直流电动机结构

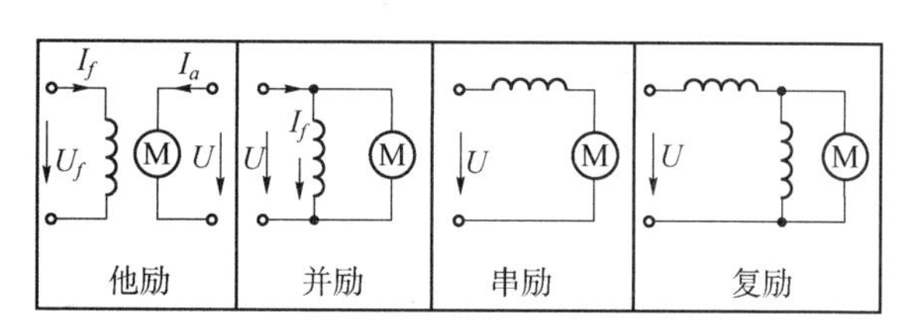

图 4－6　不同的励磁式电动机电路

四、电枢电动势及电压平衡关系

1. 电枢中的感应电动势

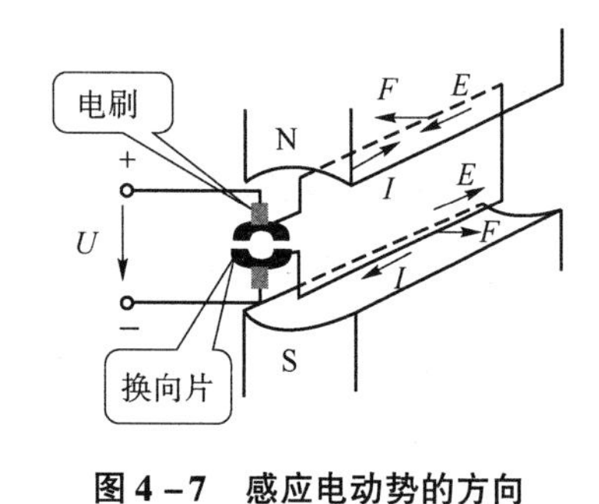

图 4－7　感应电动势的方向

电枢通入电流后，产生电磁转矩，使电动机在磁场中转动起来。通电线圈在磁场中转动，又会在线圈中产生感应电动势（用 E 表示），如图 4－7 所示。

根据右手定则可知，E 和原通入的电流方向相反，其大小为

$$E = K_E \Phi n$$

式中：K_E 为与电动机结构有关的常数，V；n 为电动机转速，r/min；Φ 为磁通，Wb。

2. 电枢绕组中电压的平衡关系

因为 E 与通入的电流方向相反，所以叫反电势，如图 4－8 所示。

$$U = E + I_a R_a$$

式中：U 为外加电压；R_a 为绕组电阻。

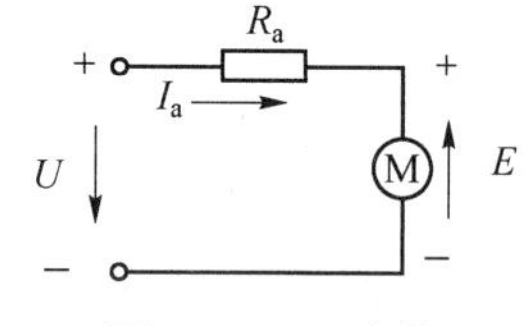

图 4－8　反电势

以上两公式反映的概念：

（1）电枢反电动势的大小和磁通、转速成正比，若想改变 E，只能改变 Φ 或 n。

（2）若忽略绕组中的电阻 R_a，则

$$U \approx E = K_e \Phi n$$

可见，当外加电压一定时，电动机转速和磁通成反比，可通过改变 Φ 调速。

3. 电磁转矩

（1）电磁转矩的计算公式为

$$T = K_T \Phi I_a$$

式中：K_T 为与线圈的结构有关的常数（与线圈大小，磁极的对数等有关）；Φ 为线圈所处位置的磁通，Wb；I_a 为电枢绕组中的电流，A。

由转矩公式可知：

①产生转矩的条件：必须有励磁磁通和电枢电流。

②改变电动机旋转的方向：改变电枢电流的方向或者改变磁通的方向。

（2）转矩平衡关系

电磁转矩 T 为驱动转矩，在电动机运行时，必须和外加负载和空载损耗的阻转矩相平衡，即

$$T = T_L + T_0$$

式中：T_L 为负载转矩；T_0 为空载转矩。

转矩平衡过程：当负载转矩（T_L）发生变化时，通过电动机转速、电动势、电枢电流的变化，电磁转矩自动调整，以实现新的平衡。

例：设外加电枢电压 U 一定，$T = T_L$（平衡），这时，若 T_L 突然增加，则调整过程为：

$T_L\uparrow$ ➡ $n\downarrow$ ➡ $E\downarrow$

$T\uparrow$ ⬅ $I_a\uparrow$ ⬅

最后达到新的平衡点。

与原平衡点相比，新的平衡点：$I_a\uparrow$、$P_{入}\uparrow$。

4. 机械特性

机械特性指的是电动机的电磁转矩和转速间的关系，下面以他励和串励电动机为例说明。

1）他励电动机的机械特性

他励电动机和并励电动机的特性一样。

$$\begin{cases} U = E + I_a R_a \\ E = K_E \Phi n \\ T = K_T \Phi I_a \end{cases} \Rightarrow n = \frac{U}{K_E \Phi} - \frac{R_a}{K_T K_E \Phi^2} T$$

$$n = n_0 - \Delta n$$

$$\text{其中}, n_0 = \frac{U}{K_E \Phi}, \Delta n = \frac{R_a}{K_T K_E \Phi^2} T \qquad (4-1)$$

n_0：理想空载转速，即 $T=0$ 时的转速。实际工作时，由于有空载损耗，电动机的 T 不会为 0。

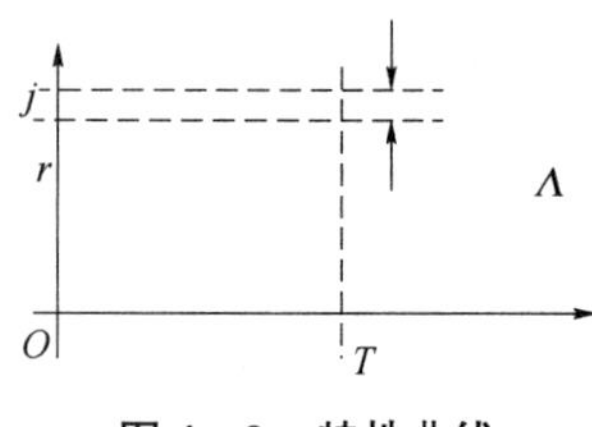

图 4－9　特性曲线

根据 $n-T$ 公式画出特性曲线，如图 4－9 所示。

当 $T\uparrow$ 时，$n\downarrow$，但由于他励电动机的电枢电阻 R_a 很小，所以在负载变化时，转速 n 的变化不大，属硬机械特性。

2）串励电动机的机械特性

串励的特点：励磁线圈的电流和电枢线圈的电流相同。

设磁通和电流成正比，即 $F_\Phi = K_\Phi I_a$，则

$$\begin{cases} E = K_E \Phi n = K_E K_\Phi I_a n \\ T = K_T \Phi I_a = K_T K_\Phi I_a^2 \\ U = E + I_a R_a \end{cases} \Rightarrow n = \frac{\sqrt{K_T} U}{K_E \sqrt{K_\Phi T}} - \frac{R_a}{K_E K_\Phi}$$

据此公式作出 $T-n$ 曲线，如图 4－10 所示。

串励特性：

（1）当 $T=0$ 时，在理想情况下，n 趋于无穷大。但实际上负载转矩不会为 0，不会工作在 $T=0$ 的状态，但空载时 T 很小，n 很高的串励不允许空载运行，以防转速过高。

（2）随转矩的增大，n 下降得很快，这种特性属于软机械特性。

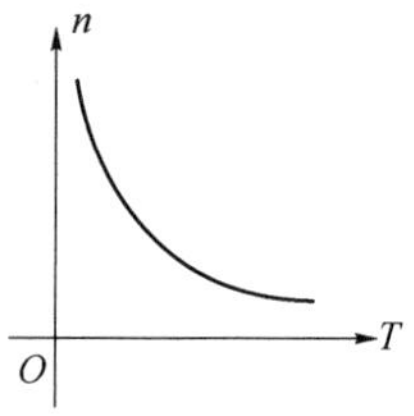

图 4－10　$T-n$ 曲线

直流电动机特性类型的选择：

（1）恒转矩的生产机械（T_L 一定，和转速无关）要选硬特性的电动机，如金属加工、起重机械等。

（2）通风机械负载，机械负载 T_L 和转速 n 的平方成正比。这类机械也要选硬特性的电动机拖动。

（3）恒功率负载（P 一定时，T 和 n 成反比），要选软特性电动机拖动，如电气机车等。

5. 直流电动机的调速

与异步电动机相比，直流电动机结构复杂，价格高，维护不方便，但它的最大优点是调速性能好。

直流电动机调速的主要优点是：

（1）调速均匀平滑，可以无级调速（注：异步机改变极对数调速的方法叫有级调速）。

（2）调速范围大，调速比可达 200 以上（调速比等于最大转速和最小转速之比），因此机械变速所用的齿轮箱可大大简化。

下面以他励电动机为例说明直流电动机的调速方法。

1）改变磁通（调磁）

（1）原理。

由式（4－1）可知，n 和 Φ 有关，在 U 一定的情况下，改变 Φ 可改变 n。在励磁回路中串上电阻 R_f，改变 R_f 大小调节励磁电流，从而改变 Φ 的大小。

I_f 的调节有两种情况：

$R_f\downarrow \rightarrow I_f\uparrow \rightarrow \Phi\uparrow \rightarrow n\downarrow$，但在额定情况下，$\Phi$ 已接近饱和，I_f 再加大，对 Φ 影响不大，

所以这种增加磁通的办法一般不用。

$R_f\uparrow\rightarrow I_f\downarrow\rightarrow\Phi\downarrow\rightarrow n\uparrow$，减弱磁通是常用的调速方法。

概念：改变磁通调速的方法—— 减小磁通，n 只能上调。

（2）特性的变化。

由式（4－1）可知，$n_0\propto\frac{1}{\Phi}$，$\Delta n\propto\frac{1}{\Phi^2}$；

因此，磁通减小以后特性上移，而且斜率增加，如图 4－11 所示。

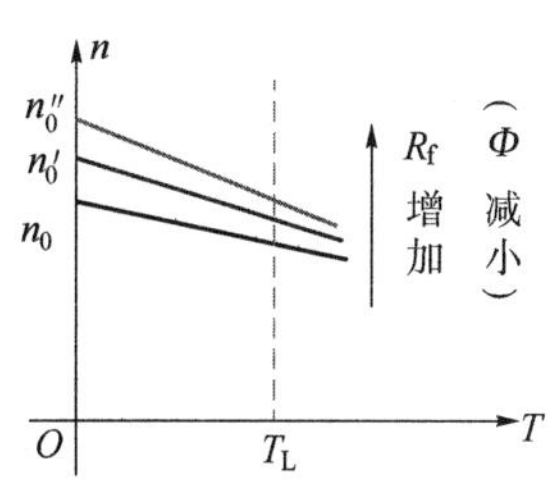

图 4－11　改变磁通斜率增加

调速过程：U 一定，则

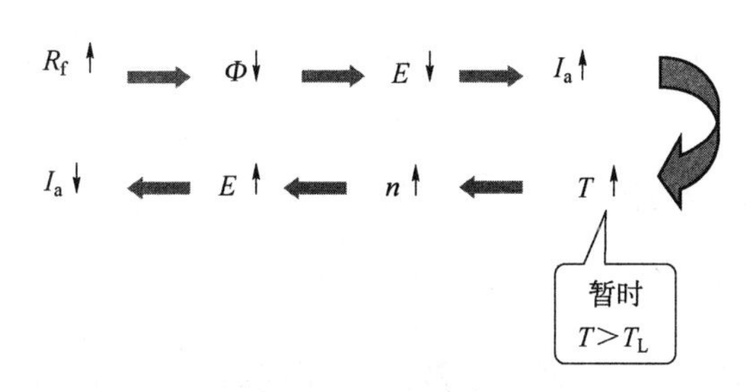

最后达到新的平衡。

（3）减小 Φ 调速的优点：

①调速平滑，可做到无级调速，但只能向上调，受机械本身强度所限，n 不能太高。

②调的是励磁电流（该电流比电枢电流小得多），调节控制方便。

使用调磁来调速时，应注意：

①若调速后 I_a 保持不变，则高速运转时负载转矩必须减小。

②这种调速方法只适用于恒功率调速。

2）改变电枢电压调速

（1）特性曲线。

由式（4－1）知：调电枢电压 U，n_0 变化，斜率不变，所以调速特性是一组平行曲线，如图 4－12 所示。

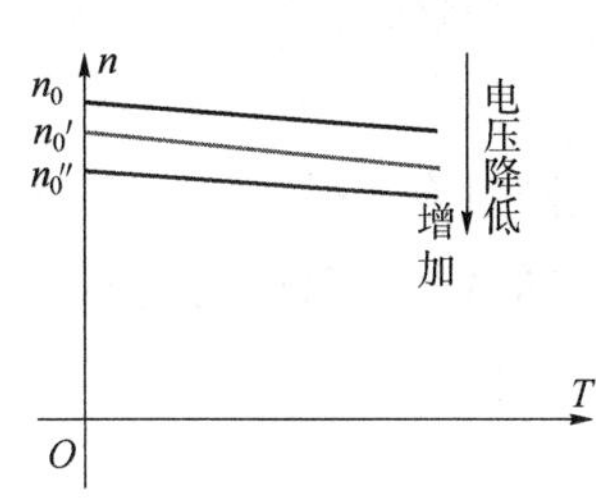

图 4－12　改变电枢电压调速

（2）改变电枢电压调速的优点：

①工作时电枢电压一定，电压调节时，不允许超过 U_N，而 n 正比于 U，所以调速只能向下调。

②可得到平滑、无级调速。

③调速幅度较大。

说明：改变电压的调速方法必须有连续可调的大功率直流电源，这种调速方法适用 G－M（发电机－电动机）系统。G－M 系统通过改变直流发电机的励磁电流来改变发电机的输出电压，发电机的输出电压再去控制电动机的电枢电压。这种方法投资大，目前广泛使用的方法是可控硅整流电路调节电枢电压。

3）改变转子电阻调速

由式（4－1）知，在电枢中串入电阻，使 $n\uparrow$、n_0 不变，即电动机的特性曲线变陡

（斜率变大），在相同力矩下，$n\downarrow$，如图4－13所示。

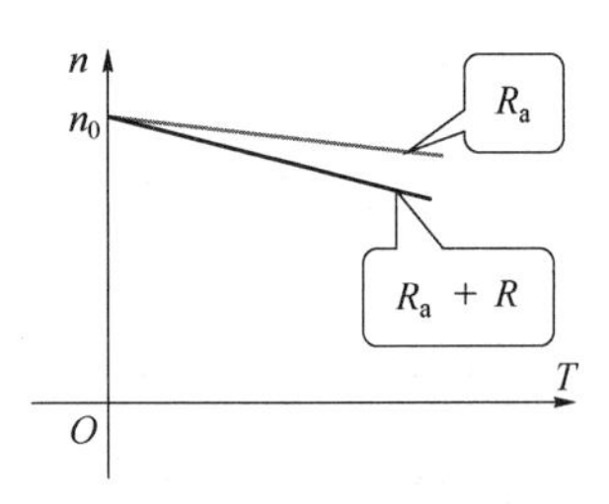

图4－13　改变转子电阻调速

这种调速方法耗能较大，只用于小型直流电动机。串励电动机也可用类似的方法调速。

6. 直流电动机的使用和额定值

1）使用

（1）起动。

起动时，$n=0\rightarrow E_a=0$，若加入额定电压，则

$$I_{ast}=\frac{U_N}{R_a}\gg I_{aN}$$

I_{ast}太大会使换向器产生严重的火花，烧坏换向器。一般I_{ast}限制在（2～2.5）I_{aN}内。

限制I_{ast}的措施：

①起动时在电枢回路串电阻。

②起动时降低电枢电压。

注意：

直流电动机在起动和工作时，励磁电路一定要接通，不能断开，而且起动时要满励磁。否则，磁路中只有很少的剩磁，可能产生以下事故：

①若电动机原本静止，由于励磁转矩$T=K_T\Phi I_a$，而$\Phi\rightarrow0$，电动机将不能起动，因此，反电动势为零，电枢电流会很大，电枢绕组有被烧毁的危险。

②如果电动机在有载运行时磁路突然断开，则$E\downarrow$，$I_a\uparrow$，T和$\Phi\downarrow$，可能不满足T_L的要求，电动机必将减速或停转，使I_a更大，也很危险。

③如果电动机空载运行，可能造成飞车。

$$\Phi\downarrow\rightarrow E\downarrow\rightarrow I_a\uparrow\rightarrow T\uparrow\gg T_0\rightarrow n\uparrow \text{飞车}$$

（2）反转。

电动机的转动方向由电磁力矩的方向确定。

改变直流电动机转向的方法：

①改变励磁电流的方向。

②或改变电枢电流的方向。

注意：改变转动方向时，励磁电流和电枢电流两者的方向不能同时变。

例：串励的单相手电钻，利用励磁电流和电枢电流两者的方向同时改变时而转向不变的原理，采用特别的串励电动机，使手电钻用单相交流电源或直流电源供电均可。

（3）制动。

制动所采用的方法：反接制动、能耗制动、发电回馈制动。

①反接制动。电阻R的作用是限制电源反接制动时电枢的电流过大，如图4－14所示。

②能耗制动。电枢断电后立即接入一个电阻，如图4－15所示。

停车时，电枢从电源断开，接到电阻上，这时，由于惯性电枢仍保持原方向运动，感应电动势方向也不变，电动机变成发电机，电枢电流的方向与感应电动势相同，从而电磁转矩与转向相反，起制动作用。

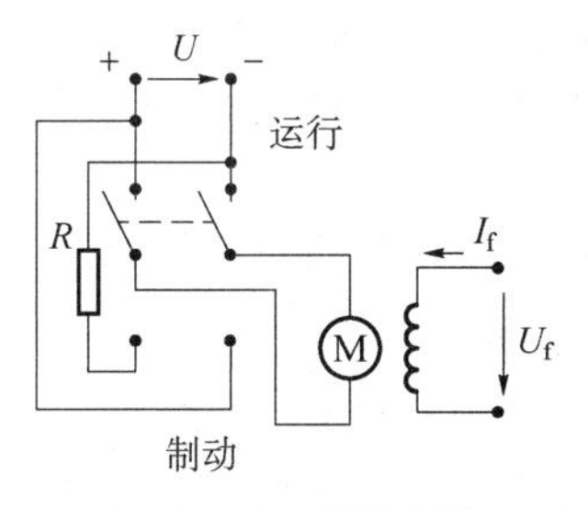

图 4－14　反接制动

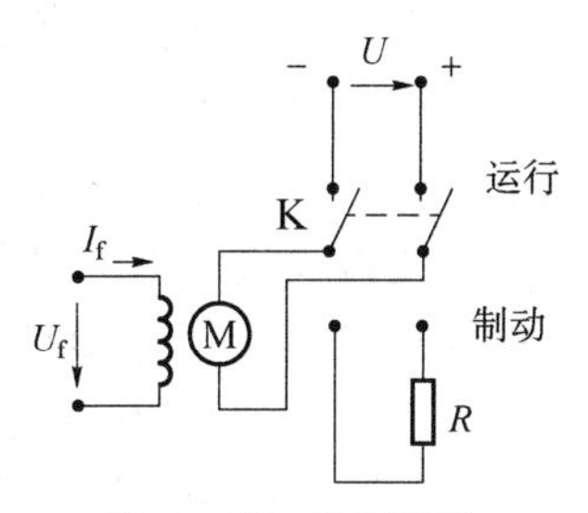

图 4－15　能耗制动

③发电回馈制动。特殊情况下，例如汽车下坡时，在重力的作用下 $n>n_0$（n_0 为理想空载转速），这时电动机变成发电机，电磁转矩成为阻转矩，从而限制电动机转速过分升高。连接直流电动机有四个出线端，电枢绕组、励磁绕组各两个，可通过标出的字符和绕组电阻的大小区别。

绕组的阻值范围如下：

电枢绕组的阻值在零点几欧姆到 1～2 Ω。他励/并励电动机的励磁绕组的阻值有几百欧姆。

串励电动机的励磁绕组的阻值与电枢绕组的相当。绕组的符号如表 4－1 所示。

表 4－1　绕组的符号

始端	末端	绕组名称	始端	末端	绕组名称
S_1	S_2	电枢绕组	H_1	H_2	换向极绕组
T_1	T_2	他励绕组	BC_1	BC_2	补偿绕组
B_1	B_2	并励绕组	Q_1	Q_2	启动绕组
C_1	C_2	串励绕组			

2）额定值

（1）额定功率 P_N：电动机轴上输出的机械功率。

（2）额定电压 U_N：额定工作情况下的电枢上加的直流电压，例如 18 V、220 V、440 V。

（3）额定电流 I_N：额定电压下，轴上输出额定功率时的电流（并励应包括励磁电流和电枢电流）。

三者关系：$P_N=U_NI_N\eta$（η 为效率）。

（4）额定转速 n_N：在 P_N，U_N，I_N 时的转速。直流电动机的转速等级一般在 500 r/min 以上。特殊的直流电动机转速可以做到很低（如：每分钟几转）或很高（3 000 r/min）。

注意：调速时对于没有调速要求的电动机，最大转速不能超过 $1.2n_N$。

任务二　直线电动机

直线电动机是一种将电能直接转换成直线运动机械能而不需要任何中间转换机构的装置，其结构多样，可以根据需要制成扁平形、圆筒形和盘形等形式，且可以采用交流电源、直流电源或脉冲电源等。不同种类的直线电动机具有截然不同的工作特点，可以根据需要选择。一般来说，直线电动机能满足高速、大推力的驱动要求，也能满足低速、精细的驱动要求，如步进直线电动机。

在军事领域，直线电动机可用于制作各种电磁炮，以及导弹、火箭的发射；在交通运输领域，利用直线电动机可制成时速500 km/h 以上的磁悬浮列车；在工业领域，直线电动机可用于生产输送线，以及各种横向或垂直运动的机械设备。此外，直线电动机还可用于各种精密仪器设备，如计算机的磁头驱动装置、照相机的快门、自动绘图仪、医疗仪器、航天航空仪器、各种自动化仪器设备等；以及各种民用装置，如门、窗、桌、椅的移动，门锁、电动窗帘的开、闭等。应用实例有直线电动机驱动的 $X-Y$ 工作台，如图 4－16 所示。

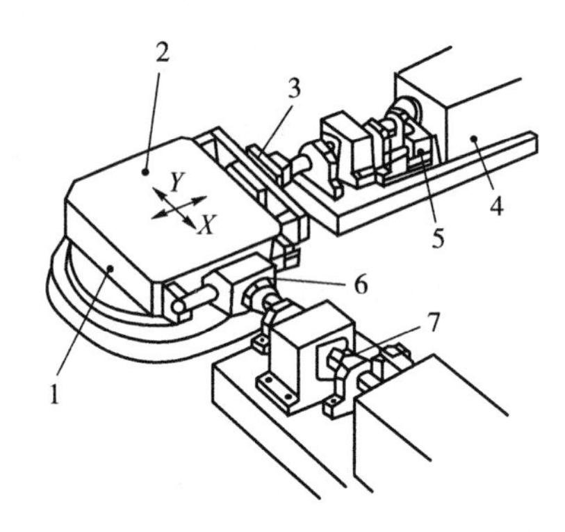

1—面空气轴承；2—工作台；3—导向轴承；4—直线直流电动机；
5—防转板；6—导向轴承（圆筒形）；7—驱动轴

图 4－16　直线电动机驱动的 $X-Y$ 工作台

一、直线电动机的基本结构

1. 扁平形

扁平形直线电动机可以认为是旋转电动机在结构方面的一种演变，它可看作是将一台旋转电动机沿径向剖开，然后将电动机的周围展成直线。旋转电动机和扁平形直线电动机示意如图 4－17 所示。

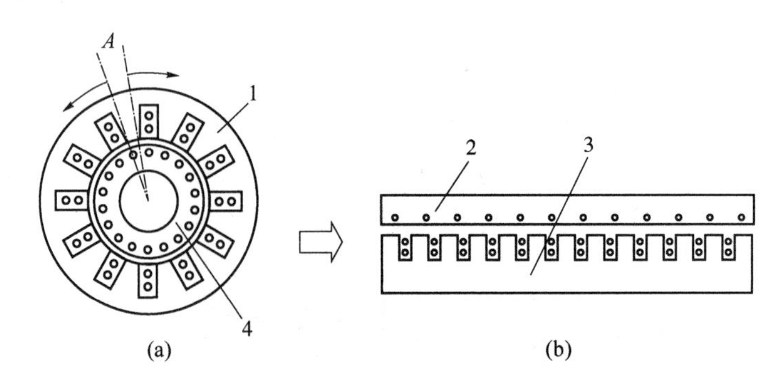

1—定子绕组（初级）；2—次级；3—初级；4—笼型转子（次级）

图 4－17　旋转电动机和扁平形直线电动机示意

（a）旋转电动机；（b）扁平形直线电动机

通常将定子演变来的一侧称为初级，转子演变来的一侧称为次级。

由旋转电动机演变而来的最原始的直线电动机初级和次级长度相等，运行中初级与次级的耦合不定，因此不能正常工作。为了保证在所需行程范围内初级与次级之间的耦合保持不变，当实际应用时，需要将初级与次级制造成不同的长度。虽然直线电动机既可做成短初级长次级形，也可做成长初级短次级形。但短初级长次级形在制造成本和运行费用上均比长初级短次级形低得多，因此除特殊场合外，一般都采用短初级长次级形。

由于原始直线电动机仅一边安放初级，称为单边型直线电动机，如图 4－18 所示。单边型直线电动机的初级与次级之间存在着很大的法向吸力，在钢次级时为推力的 10 倍左右，大多数场合下，我们是不希望这个力存在的。因此，需要在次级两边都装上初级，做成双边型结构，以抵消法向吸力。双边型直线电动机如图 4－19 所示。

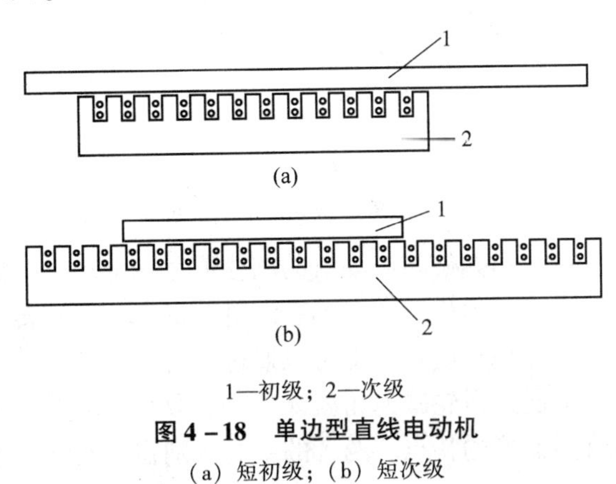

1—初级；2—次级

图 4－18　单边型直线电动机

（a）短初级；（b）短次级

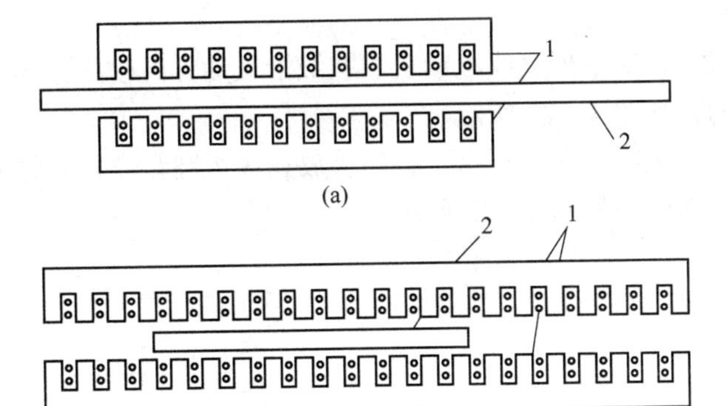

1—初级；2—次级

图 4－19　双边型直线电动机

（a）短初级；（b）短次级

一台典型的单边扁平形短初级直线感应电动机如图 4－20 所示。

2. 圆筒形

圆筒形（管形）直线电动机可以认为是将扁平形直线电动机沿着与直线运动方向相垂直的方向卷接成筒形而形成的，如图 4－21 所示。

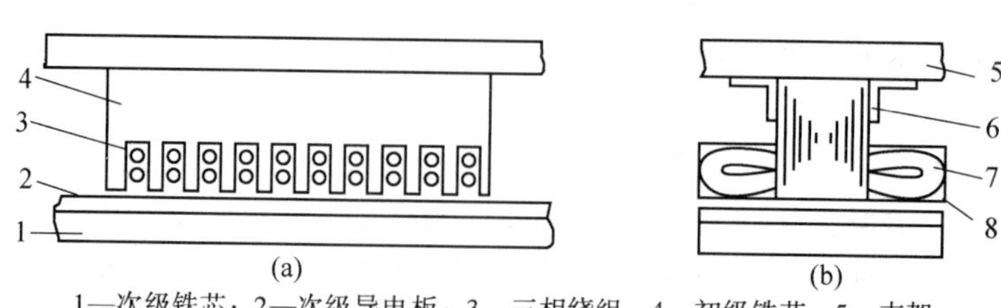

1—次级铁芯；2—次级导电板；3—三相绕组；4—初级铁芯；5—支架；
6—固定用角铁；7—绕组端部；8—环氧树脂

图 4－20　单边扁平形短初级直线感应电动机

(a) 纵剖面图；(b) 横剖面图

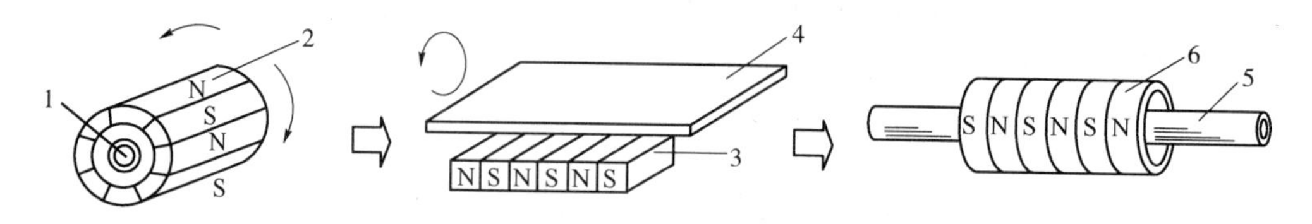

1—转子；2—定子磁场；3—初级；4—次级；5—次级；6—初级

图 4－21　圆筒形直线电动机的演变过程

圆筒形直线电动机——外形如旋转电动机的圆柱形直线电动机，需要时可做成既有旋转运动又有直线运动的旋转直线电动机。圆盘形直线电动机虽也做旋转运动，但与普通旋转电动机相比有两个突出优点：力矩与旋转速度可以通过多台初级组合的方法或通过初级在圆盘上的径向位置来调节；无须通过齿轮减速箱就能得到较低的转速，电动机噪声和振动很小。圆弧形直线电动机也具有圆盘形的特点，两者的主要区别在于次级的形式和初级对次级的驱动点有所不同。

3. 弧形和盘形结构。

弧形直线电动机是将扁平形直线电动机的初级沿运动方向改成弧形，并安放于圆柱形次级的柱面外侧形成的，如图 4－22 所示。

盘形直线电动机是把次级做成圆盘，将初级放在次级圆盘靠近外缘的平面上，次级可以是双面的也可以是单面的，如图 4－23 所示。

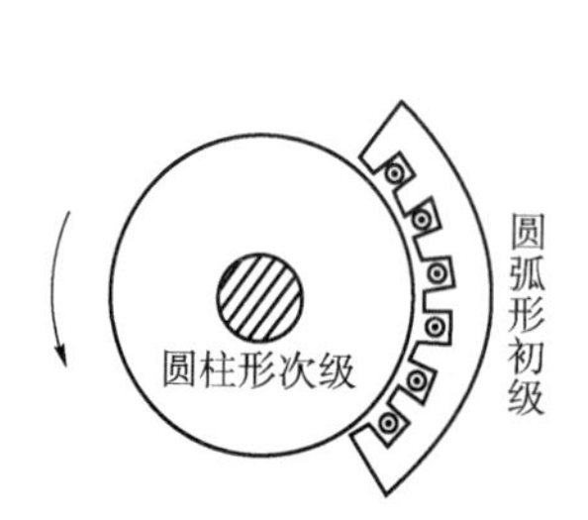

图 4－22　弧形直线电动机

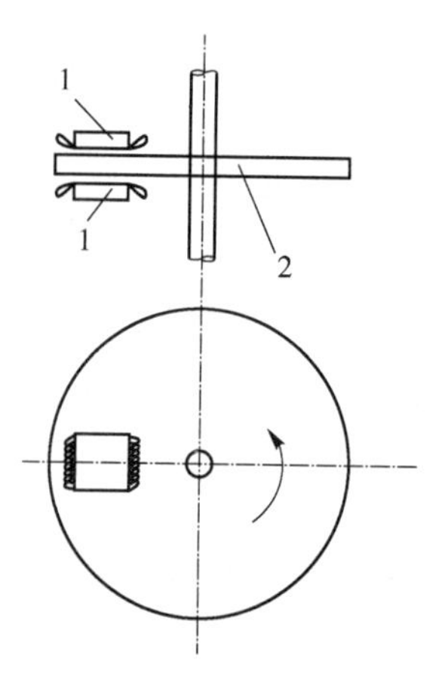

1—初级；2—可绕轴转动的圆盘（次级）

图 4－23　盘形直线电动机

弧形和盘形直线电动机的运动实际上是一个圆周运动，然而由于它们的运行原理和设计方法与扁平形直线电动机相似，因此也可归入直线电动机范畴。

二、直线电动机的工作原理

与旋转电动机相似，在直线电动机的三相绕组中通入三相对称的正弦电流后，也会产生气隙磁场。当不考虑由于铁芯两端开断而引起的纵向边端效应时，这个气隙磁场的分布情况与旋转电动机相似，即可看成沿展开的直线方向呈正弦形分布，如图 4－24 所示。

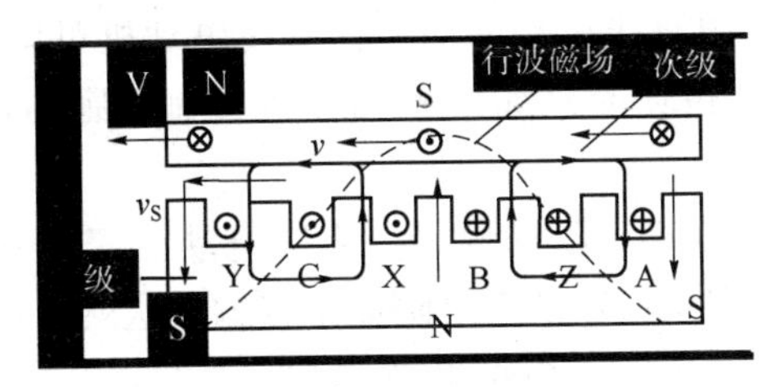

图 4－24　正弦形分布

三相电流随时间变化时，气隙磁场将按 A、B、C 相序沿直线移动。这个原理与旋转电动机的相似，所不同的是这个磁场做平移运动，而不是旋转，因此也称其为行波磁场。

行波磁场的移动速度与旋转磁场在定子内圆表面的线速度一样，称为同步速度 v_s，

$$v_s = 2f\tau$$

式中：τ 为极距（m），f 为电流的频率（Hz）。

次级的结构一般分为栅形结构和实心结构。

栅形结构，相当于旋转电动机的笼型结构。次级铁芯上开槽，槽中放置导条，并在两端用端部导条连接所有槽中导条。

次级导条在行波磁场切割下，将产生感应电动势并产生电流。所有导条的电流和气隙磁场相互作用便产生电磁推力。直线电动机的次级大多采用整块金属板或复合金属板，并不存在明显导条，可看成无限多导条并列安置进行分析。图 4－25 所示为假想导条中的感应电流及金属板内电流的分布情况。

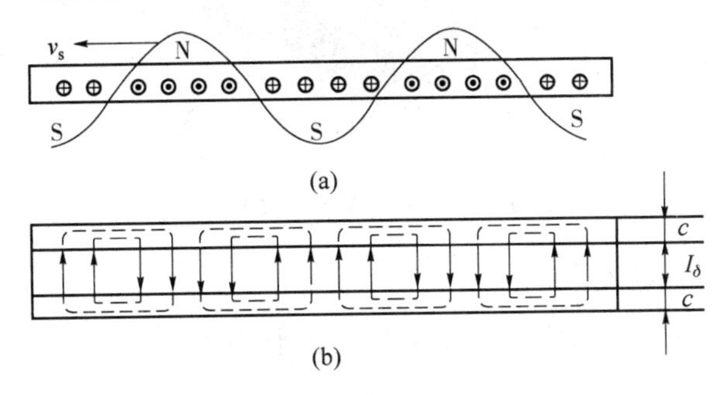

图 4－25　次级导体板中的电流

（a）假想导条中的感应电流；（b）金属板内的电流分布

实心结构，采用整块均匀的金属材料，又可分为非磁性次级和钢次级。

从电动机的性能方面来说，采用栅形结构时，效率和功率因数最高，非磁性次级次之，钢次级最差。从成本方面来说，则相反。

旋转电动机通过对换任意两相的电源线，可以实现反向旋转。直线电动机也可以通过同样的方法实现反向运动。根据这一原理，可使直线电动机做往复直线运动。

三、直线电动机的优点

与其他电动机相比，直线电动机具有以下优点：

（1）结构简单。直线电动机不需要把旋转运动变成直线运动的附加装置，使系统本身的结构大为简化，减少了质量和体积。

（2）定位精度高。在需要直线运动的地方，直线电动机可以实现直接传动因而可以消除中间环节所带来的各种定位误差。如果采用微机控制，则还可以提高整个系统的定位精度。

（3）反应速度快、灵敏度高、随动性好。直线电动机容易做到其转子用磁悬浮支撑，因而使转子和定子之间始终保持一定的空气隙而不接触，这就消除了定子、动子间的接触摩擦阻力，因而提高了系统的灵敏度、快速性和随动性。

（4）工作安全可靠、寿命长。直线电动机可以实现无接触传递力，机械摩擦损耗几乎为零，所以故障少，免维修。

任务三　三相异步电动机

三相异步电动机主要用于拖动各种生产机械，其结构简单，制造、使用和维护方便，运行可靠，成本低，效率高，因此得到广泛应用。但是，三相异步电动机的功率因数低、起动和调速性能差。三相异步电动机外观如图 4－26 所示。

图 4－26　三相异步电动机外观

1. 三相异步电动机的结构

三相异步电动机的基本结构包括定子部分、转子部分和气隙。

1）定子部分

定子部分由定子铁芯、定子绕组和机座组成。

（1）定子铁芯。定子铁芯由导磁性能很好的硅钢片叠成，是定子的导磁部分。

（2）定子绕组。定子绕组放在定子铁芯内圆槽内，是定子的导电部分。

（3）机座。机座用于固定定子铁芯及端盖，具有较强的机械强度和刚度。

2）转子部分

转子部分由转子铁芯和转子绕组组成。

（1）转子铁芯。转子铁芯由硅钢片叠成，也是磁路的一部分。

（2）转子绕组。转子绕组又分为笼型转子和绕线转子。

①笼型转子。转子铁芯的每个槽内插入一根裸导条，形成一个多相对称短路绕组。

②绕线转子。转子绕组为三相对称绕组，嵌放在转子铁芯槽内。

2. 三相异步电动机的工作原理

1）基本工作原理

当电动机的三相定子绕组通入三相对称交流电后将产生一个旋转磁场，该旋转磁场切割转子绕组，从而在转子绕组中产生感应电流（转子绕组是闭合通路），载流的转子导体在定子旋转磁场作用下将产生电磁力，从而在电机转轴上形成电磁转矩，驱动电动机旋转，并且电机旋转方向与旋转磁场方向相同。

2）转差率

同步转速 n_1 与三相异步电动机转速 n 之差（n_1-n）和同步转速 n_1 的比值称为转差率 s，即

$$s=\frac{n_1-n}{n_1}$$

转差率是三相异步电机的基本物理量，它能够反映电动机的运行情况。

当转子未转动时，$n=0$，$s=1$；当电动机理想空载时，$n\approx n_1$，$s\approx 0$。

当作为电动机，转速始终在 $n\sim n_1$ 范围内变化，转差率始终在 0 ~ 1 范围内变化。负载越大，转速越低，转差率越大；反之，转差率越小。转差率的大小能够反映电动机的转速大小或负载大小。正常运行时，转差率一般在 0.01 ~ 0.06，即电动机转速接近同步转速。

3）三相异步电机的 3 种运行状态

根据转差率的大小和正负，三相异步电动机有 3 种运行状态，如表 4 - 2 所示。

表 4 - 2　三相异步电动机的三种运行状态

运行状态	电动机状态	电磁制动状态	发电机状态
实现方法	定子绕组接对称电源	外力使电动机沿磁场反方向旋转	外力使电机快速旋转
转速	$0<n<n_1$	$n<0$	$n>n_1$
转差率	$0<s\leqslant 1$	$s>1$	$s<0$
电磁转矩	驱动	制动	制动
能量关系	电能转变为机械能	电能和机械能变成内能	机械能转变为电能

4）三相异步电动机的型号和额定值

（1）三相异步电动机的型号。

下面通过举例说明三相异步电动机的型号。

①中、小型异步电动机：

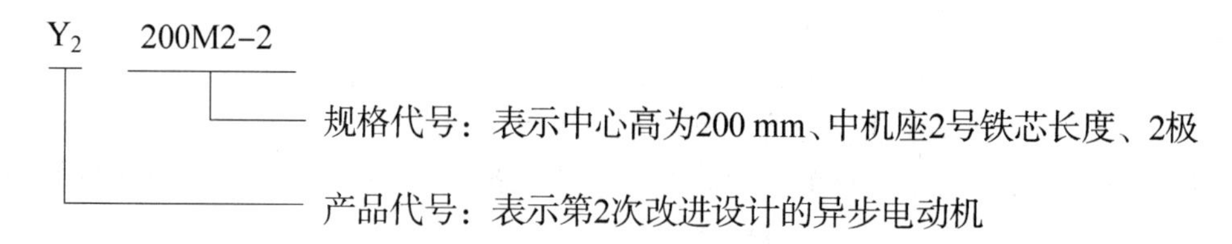

②大型异步电动机：

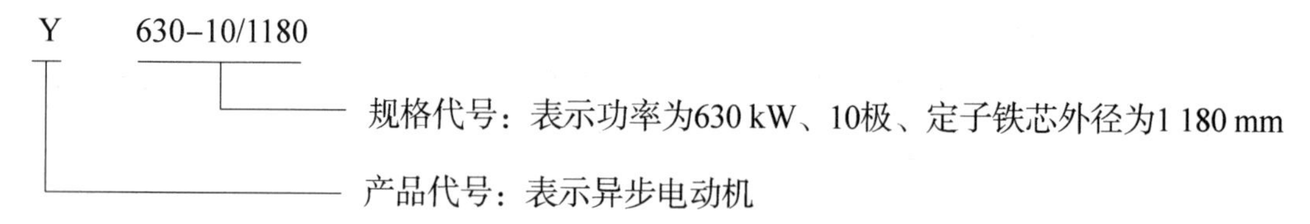

（2）三相异步电动机的额定值。

三相异步电动机的额定值关系有：

$$P_N = \sqrt{3} U_N I_N \cos\varphi_N \eta_N$$

式中：P_N 为额定功率；U_N 为额定电压；I_N 为额定电流；φ_N 为相位角；η_N 为效率。

二、交流电机的绕组

1. 交流绕组的基本知识

1）交流绕组的基本要求和分类

从设计制造和运行性能方面对交流绕组的要求有：

（1）三相绕组对称；

（2）力求获得最大的电动势和磁动势；

（3）绕组的电动势和磁动势的波形力求接近正弦；

（4）节省用铜量；

（5）绕组的绝缘和机械强度可靠，散热条件好；

（6）工艺简单，便于制造、安装和检修。

2）交流绕组的基本概念

（1）极距 τ。极距指两个相邻磁极轴线之间沿定子铁芯内表面的距离。若定子的槽数为 Z，磁极对数为 p，则极距表达式为

$$\tau = \frac{Z}{2p}$$

（2）线圈节距 y 。一个线圈的两个有效边之间所跨的距离称为线圈的节距，且 $y=\tau$ 的绕组为整距绕组；$y<\tau$ 的绕组称为短距绕组；$y>\tau$ 的绕组称为长距绕组。

（3）电角度。电角度的表达式为

$$电压角度 = p \times 机械角度$$

（4）槽距角 α。相邻两个槽之间的电角度称为槽距角，其表达式为

$$\alpha = \frac{p \times 360°}{Z}$$

（5）每极每相槽数 q。每一个极面下每相所占的槽数为

$$q = \frac{Z}{2pm}$$

其中，m 为相数。

（6）相带。每个极面下的导体平均分给各相，则每相绕组在每个极面下所占的范围，用电角度表示，称为相带。

2. 三相单层绕组

单层绕组的每个槽内只放一个线圈边，电动机的线圈总数等于定子槽数的一半。单层绕组分为单层链式绕组、单层交叉式绕组和单层同心式绕组。

1）单层链式绕组

单层链式绕组由形状、几何尺寸和节距相同的线圈连接而成，整个外形如长链，其优点是每个线圈节距相等并且制造方便；线圈端部连线较短并且节省材料铜。单层链式绕组主要用于 $q=2$ 的4、6、8极小型三相异步电动机。

2）单层交叉式绕组

单层交叉式绕组由线圈数和节距不相同的两种线圈组构成，同一组线圈的形状、几何尺寸和节距均相同，各线圈组的端部互相交叉。

单层交叉式绕组通常采用两大一小线圈交叉布置，其优点是线圈端部连线较短，有利于节省材料铜，它广泛应用于 $q>1$ 且为奇数的小型三相异步电动机。

3）单层同心式绕组

单层同心式绕组由几个几何尺寸和节距不等的线圈连成同心形状的线圈组构成，其端部连线较长，适用于 $q=4$、6、8等偶数的二极小型三相异步电动机。

由此可得以下结论：

（1）单层绕组为整距绕组，电动势波形不够理想；

（2）单层绕组不适用于大、中型电动机；

（3）单层绕组不存在线圈层间绝缘问题，不会在槽内发生层间或相间绝缘击穿故障；

（4）单层绕组线圈数等于槽数的一半，绕线和嵌线所费工时少，工艺简单，广泛应用于10 kW以下的异步电动机。

3. 三相双层绕组

双层绕组每个槽内放上、下两层线圈的有效边，每个线圈的有效边放在某一槽的上层，另一个有效边则放置在相隔为 y 的另一槽的下层。

双层绕组分双层叠绕组和双层波绕组。

双层绕组的特点如下：

（1）线圈数等于槽数；

（2）线圈组数等于极数，也等于最大并联支路数；

（3）每相绕组的电动势等于每条支路的电动势；

（4）节距可以改变，即可以选择合适的节距来改善电动势或磁动势的波形，技术性能优于单层绕组，多用于稍大容量的电动机。

三、交流电机绕组的感应电动势

1. 线圈的感应电动势及短距系数

1）一根导体的电动势

电动势频率

$$f = \frac{pn}{60}$$

电动势大小

$$E_{c1} = 2.22 f \Phi_1$$

2）整距绕组的电动势

每个整距线匝的电动势

$$E_{t1} = 4.44 f \Phi_1$$

每个整距线圈的电动势

$$E_{y1(y=\gamma)} = 4.44 f N_c \Phi_1$$

3）短距线圈的电动势

每个短距线匝的电动势

$$E_{y1(y=\gamma)} = 4.44 f N_c \Phi_1 k_{y1}$$

4）基波短距系数

$$k_{y1} = \frac{E_{y1(y<\gamma)}}{E_{y1(y=\gamma)}} = \sin\left(\frac{y}{\tau} \cdot 90^\circ\right)$$

2. 线圈组的感应电动势及分布系数

一组线圈由 q 个线圈组成，若 q 个线圈为集中绕组时，各线圈电动势大小相等、相位相同，线圈组电动势

$$E_{q1(q=1)} = 4.44 f q N_c k_{y1} \Phi_1$$

若 q 个线圈为分布绕组，放在 q 个槽内，各线圈电动势大小相同，相位相差 α 电角度，线圈组电动势

$$E_{q1(\Phi1)} = 4.44 f q N_c k_{y1} \Phi_1 = 4.44 f q N_c k_{w1} \Phi_1$$

基波分布系数

$$k_{q1} = \frac{E_{q1(\Phi1)}}{E_{q1(q=1)}} = \frac{\sin\frac{q\alpha}{2}}{q\sin\frac{\alpha}{2}}$$

基波绕组系数

$$k_{w1} = k_{y1} k_{q1}$$

3. 一相绕组的基波感应电动势

1）一相绕组的基波电动势

一相绕组有 $2a$ 条支路，每条支路由若干个线圈组串联组成。一相绕组的基波电动势为一条支路的基波电动势

$$E_{p1} = 4.44 f N k_{w1} \Phi_1$$

对单层绕组，有

$$N = \frac{pqN_c}{2a}$$

对双层绕组，有

$$N = \frac{2pqN_c}{2a}$$

2）短距绕组、分布绕组对电动势波形的影响

对 v 次谐波，有

$$k_{yv} = \sin\left(\frac{vy}{\tau}90^\circ\right),\ k_{qv} = \frac{\sin\frac{qv\alpha}{2}}{q\sin\frac{v\alpha}{2}}, E_{pv} = 4.44vfNk_{yv}k_{qv}\Phi_v$$

改善电动势波形的方法：

（1）采用短距绕组，让 $k_{yv}=0$ 或尽可能小。

例如，$y=\frac{v-1}{v}\tau$ 时，$k_{yv}=0$，$E_{pv}=0$。

（2）采用分布绕组，让 k_{qv} 尽可能小。

四、三相异步电动机的空载运行

空载运行时的电磁关系：

1）主、漏磁通的分布

为了便于分析，根据磁通路径和性质的不同，将异步电动机的磁通分为主磁通和漏磁通，如图 4－27 所示。

主磁通同时交链定、转子绕组，其路径为：定子铁芯→气隙→转子铁芯→气隙→定子铁芯。主磁通起传递能量的作用。

除了主磁通以外的磁通均为漏磁通，主要包括槽漏磁通、端漏磁通和高次谐波磁通。漏磁通只起电抗压降作用。

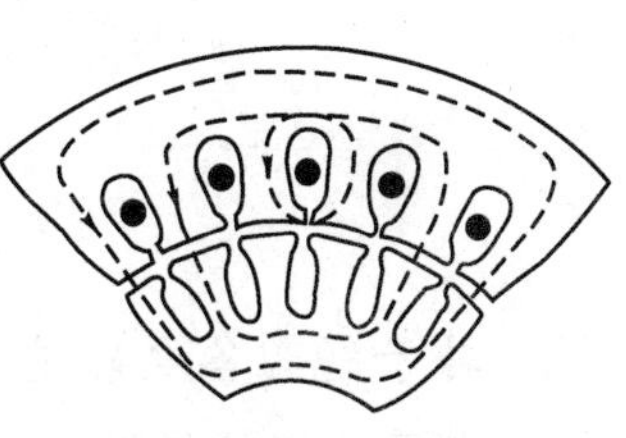

图 4－27　磁通

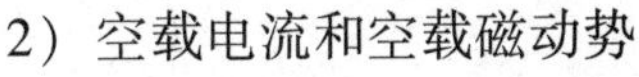

2）空载电流和空载磁动势

异步电动机空载运行时的定子电流称为空载电流。与变压器一样，异步电动机空载电流 $\dot{I}_0$ 由两部分组成：一是用来产生主磁通 $\dot{\Phi}_0$ 的无功分量 $\dot{I}_{0r}$，一是用来供给铁芯损耗的有功分量 $\dot{I}_{0a}$，且

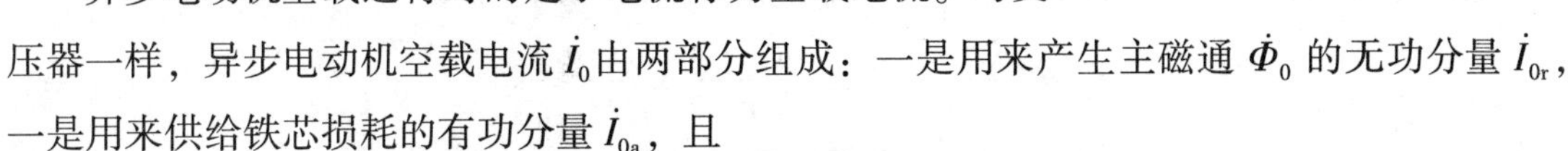

$$\dot{I}_0 = \dot{I}_{0r} + \dot{I}_{0a}$$

由于 $I_{0r} \gg I_{0a}$，所以 $\dot{I}_0$ 基本为一无功性质电流，即 $\dot{I}_0 \approx \dot{I}_{0r}$。

三相空载电流 $\dot{I}_0$ 产生的旋转磁动为空载磁动 $\bar{F}_0$，基波值为

$$F_0 = \frac{m_1}{2} \times 0.9 \times \frac{N_1k_{w1}}{p}I_0 = \frac{qm_1N_1k_{w1}}{z_0P}I_0$$

空载运行时，转子转速很高，接近同步转速，定子、转子之间相对速度几乎为零，此时 $\dot{E}_2 \approx 0$，$\dot{I}_2 \approx 0$，$\bar{F} \approx 0$。

3）电磁关系（图4－28）

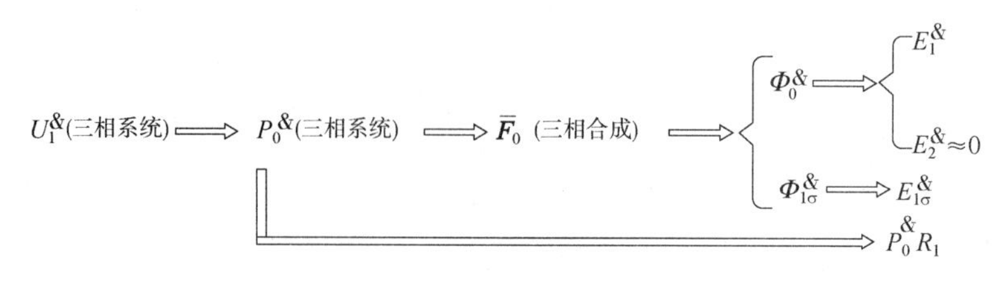

图4－28 电磁关系

可见，异步电动机空载时的电磁关系与变压器非常相似。

五、三相异步电动机的负载运行

1. 负载运行时的电磁关系（图4－29）

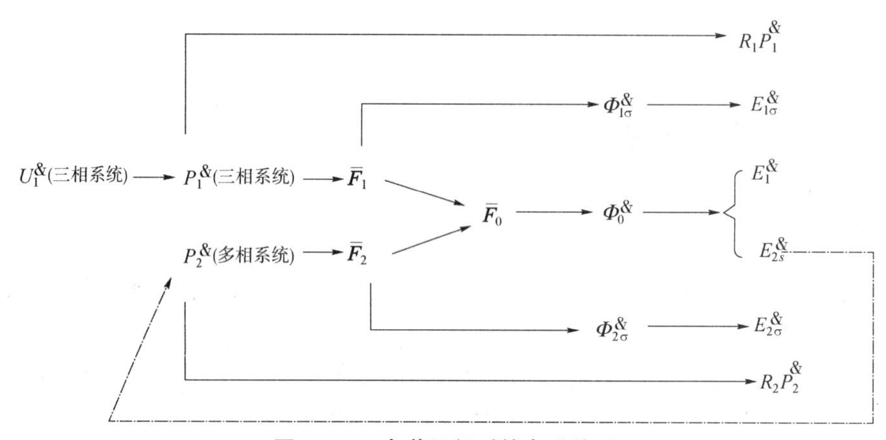

图4－29 负载运行时的电磁关系

2. 转子绕组各电磁量

1）转子电动势的频率

感应电动势的频率 f_2 正比于导体与磁场的相对切割速度，且有

$$f_2 = \frac{p(n_1 - n)}{n_1} = \frac{n_1 - n}{n_1} \times \frac{pn_1}{60} = sf_1$$

转子不转时，$n=0$，$s=1$，$f_2=f_1$；理想空载时，$n \approx n_1$，$s \approx 0$，$f_2 \approx 0$。

2）转子绕组的感应电动势

转子旋转时的感应电动势

$$e_{2s} = 4.44 f_2 N_2 k_{w2} \Phi_0$$

转子不转时的感应电动势

$$e_2 = 4.44 f_1 N_2 k_{w2} \Phi_0$$

二者关系为

$$E_{2s} = sE_2$$

3）转子绕组的漏阻抗

转子旋转时转子漏电抗

$$S_{2s} = 2\pi f_2 L_2$$

转子不转时转子漏电抗

$$S_2 = 2\pi f_2 L_2$$

二者关系为

$$X_{2s} = sX_2$$

转子绕组的漏阻抗

$$Z_{2s} = R_2 + jX_{2x} = R_2 + jsX_2$$

4）子绕组的电流

转子绕组为闭合绕组，则转子电流

$$\dot{I}_2 = \frac{\dot{E}_{2s}}{Z_{2s}} = \frac{\dot{E}_{2s}}{R_2 + jX_{2s}} = \frac{s\dot{E}_2}{R_2 + jsX_2}$$

当转速降低时，转差率增大，转子电流也增大。

5）转子绕组的功率因数

转子绕组的功率因数为

$$\cos\varphi_2 = \frac{R_2}{\sqrt{R_2^2 + X_x^2}} = \frac{R_2}{\sqrt{R_2^2 + (sX)_2^2}}$$

转子功率因数与转差率有关，当转差率增大时，转子功率因数则减小。

3. 磁动势平衡方程

磁动势的平衡方程为

$$\bar{F}_1 + \bar{F}_2 = \bar{F}_0$$

可以改写为

$$\bar{F}_1 = \bar{F}_0 + (-\bar{F}_2) = \bar{F}_0 + F\bar{F}_{1L}$$

注意：定子旋转磁动势包括两个分量，一个是励磁磁动势 $\bar{F}_0$，用来产生气隙磁通 Φ_0；另一个是负载分量 $\bar{F}_{1L}$，用来平衡转子磁动势 $\bar{F}_2$，即用来抵消转子磁动势对主磁通的影响。

用磁动势幅值公式表示为

$$\frac{m_1}{2}0.9\frac{N_1k_{w1}}{p}\dot{I}_1 + \frac{m_2}{2}0.9\frac{N_2k_{w2}}{p}\dot{I}_2 = \frac{m_1}{2}0.9\frac{N_1k_{w1}}{p}\dot{I}_0$$

两边同时除以电流变比 $k_i = \frac{m_1N_1k_{w1}}{m_2N_2k_{w2}}$ 得

$$\dot{I}_1 + \frac{\dot{I}_2}{k_i} = \dot{I}_0$$

4. 电动势的平衡方程

根据基尔霍夫电压定律，定、转子侧电动势平衡方程为

$$\dot{U} = -\dot{E}_1 + \dot{I}_1R_1 + j\dot{I}_1X_1 = -\dot{E}_1 + \dot{I}_1Z_1$$

$$0 = \dot{E}_{2s} - \dot{I}_2R_2 - j\dot{I}_2X_{2s} = \dot{E}_{2s} + \dot{I}_2Z_{2s}$$

式中：$k_e = \frac{E_1}{E_2} = \frac{N_1k_{w1}}{N_2k_{w2}}$，为电动势比。

任务四　永磁同步电动机

一、永磁同步电动机概述

永磁同步电动机的运行原理与电励磁同步电动机相同，但它以永磁体提供的磁通替代后者的励磁绕组，电动机结构变得更加简单，降低了加工和装配费用，且省去了容易出故障的集电环和电刷，提高了电动机运行的可靠性；又因该电动机无须永磁电流，省去了励磁损耗，提高了电动机的效率和功率密度。因此，永磁同步电动机近年来被研究得较多，并在各领域中得到越来越广泛的应用。

二、永磁同步电动机的结构

永磁同步电动机的结构有表面凸出式和表面插入式两种。

1. 表面凸出式

表面凸出式永磁同步电动机具有结构简单、制造成本较低、转动惯量小等优点，在矩形波永磁同步电动机和恒功率运行范围不宽的正弦波永磁同步电动机中得到了广泛应用。此外，表面凸出式永磁同步电动机的转子结构中的永磁磁极易于实现最优设计，从而电动机气隙磁密波形趋近于正弦波，可显著提高电动机乃至整个传动系统的性能（见图4－30）。

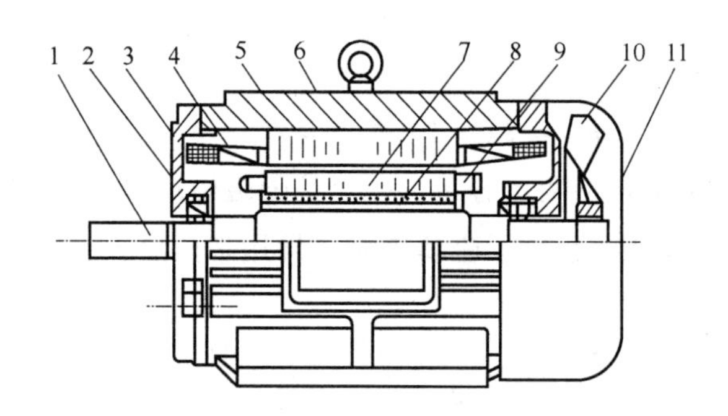

1—转轴；2—轴承；3—端差；4—定子绕组；5—机座；6—定子铁芯；
7—转子铁芯；8—永磁体；9—起动笼；10—风扇；11—风罩

图4－30　表面凸出式永磁同步电动机的转子结构

2. 表面插入式

表面插入式永磁同步电动机可充分利用转子磁路的不对称性所产生的磁阻转矩，提高其功率密度，动态性能较凸出式有所改善，制造工艺也更加简单，但漏磁系数和制造成本都较凸出式大。常作调速永磁同步电动机使用（见图4－31）。

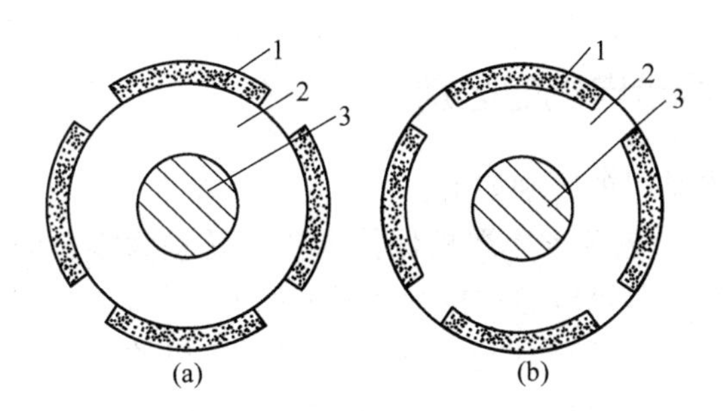

1—永磁体；2—转子铁芯；3—转轴

图4－31　表面式转子磁路结构

（a）表面凸出式；（b）表面插入式

三、永磁同步电机的工作原理

永磁同步电动机的定子结构和工作原理与交流异步电动机一样，多为四极形式，三相绕组按三相四极布置，通电产生四极旋转磁场。

永磁同步电动机与普通异步电动机的不同在于转子结构，永磁同步电动机的转子上安装有永磁体磁极，永磁体磁极安装在转子铁芯圆周表面上，称为凸装式永磁转子。磁极的极性与磁通向右，这是一个四极转子。

根据磁阻最小原理，即磁通总是沿磁阻最小的路径闭合，并利用磁引力拉动转子旋转，于是永磁转子就会跟随定子产生的旋转磁场同步旋转。

四、永磁同步电动机的分类

永磁同步电动机的分类方法比较多：按工作主磁场方向的不同，可分为径向磁场式和轴向磁场式；按电枢绕组位置的不同，可分为内转子式（常规式）和外转子式；按转子上有无起动绕组，可分为无起动绕组的电动机（用于变频器供电的场合，利用频率的逐步升高而起动，并随着频率的改变而调节转速，常称为调速永磁同步电动机）和有起动绕组的电动机（除了可用于调速运行外，还可在某一频率和电压下利用起动绕组所产生的异步转矩起动，常称为异步起动永磁同步电动机）；按供电电流波形的不同，可分为矩形波永磁同步电动机和正弦波永磁同步电动机。异步起动永磁同步电动机用于频率可调的传动系统时，将形成一台具有阻尼（起动）绕组的调速永磁同步电动机。

五、永磁同步电动机的特点

与传统的电励磁电机相比，永磁同步电机，特别是稀土永磁电机具有结构简单，运行可靠；体积小，质量轻；损耗少，效率高；电机的形状和尺寸灵活多样等显著优点。因此，永磁同步电动机的应用范围极为广泛，几乎遍及航空航天、国防、工农业生产和日常生活等领域。与感应电动机相比，永磁同步电动机不需要无功励磁电流，显著提高了功率因数，减少了定子电流和定子电阻损耗，而且在稳定运行时没有转子电阻损耗，进而可以因总损耗降低而减小风扇（小容量电机甚至可以去掉风扇）和相应的风磨损耗，从而使其效率比同规格异步电动机提高2%～8%。

六、同步电机与异步电机的区别

同步电动机与异步电动机的区别如下：

（1）同步电机的转速与电源频率严格保持同步，转差为零，而异步电机的转速永远低于同步转速，转差不为零，且可以通过控制转差来调速。

（2）异步电动机的磁场靠定子供电产生，而同步电机的磁场来源很多，一般大中型同步电机在转子侧采用独立的直流励磁，小容量的同步电机采用永久磁铁（磁场不变），磁阻式同步机完全靠定子励磁（靠凸极磁阻的变化产生同步转矩）。

（3）异步电机的功率因数永远小于1，而同步电机的功率因数可以用励磁电流来调节，可以滞后，也可以超前。

（4）同步电机和异步电机的定子是一样的，但转子绕组不同。同步电机的转子除励磁绕组外，还有一个自身短路的阻尼绕组。当同步电动机在恒定频率下运行时，阻尼绕组有助于抑制重载时发生的震荡。但当同步电机重载且在闭环变频调速运行时，阻尼绕组便失去它的主要作用，却增加了数学模型的复杂性。

（5）异步电机的气隙都是均匀的，而同步电机则有隐极式和显极式之分。隐极式电机气隙是均匀的，而显极式电机的气隙不均匀，且电励磁的电机直轴磁阻小，交轴磁阻大；永磁电机直轴磁阻大，交轴磁阻小。

任务分析

本项目的主要任务是掌握电梯电力拖动系统的组成与分类，理解交流双速异步电动机拖动系统、变频调速拖动系统和永磁同步电动机拖动系统的工作原理。

建议学时

12 学时。

学习目标

(1) 了解电梯电力拖动系统的组成与分类。

(2) 理解交流双速电动机拖动系统、变频调速拖动系统和永磁同步电动机拖动系统的工作原理。

(3) 掌握交流双速电动机拖动系统、变频调速拖动系统和永磁同步电动机拖动系统的运行过程。

任务一　交流双速异步电动机拖动系统

一、电梯电力拖动系统概述

电力拖动系统是电梯的动力源，由控制轿厢垂直运动的电力拖动系统和控制电梯轿门开关运动的电力拖动系统组成（见图 5－1）。

如按照曳引电动机是采用直流电动机还是交流电动机，可将电力拖动系统分为直流电动机拖动系统和交流电动机拖动系统（见图 5－2）。其中，发电机组供电的直流电动机拖动系统由于能耗大、技术落后，目前已不再生产；20 世纪 60 年代后期生产的双速交流异步电动机拖动系统，也已不再生产，但在额定运行速度小于 0.63 m/s 的低层站、大载重量货梯仍

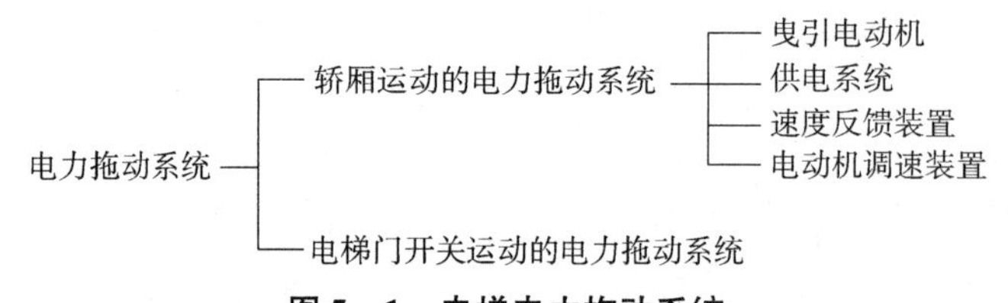

图 5－1　电梯电力拖动系统

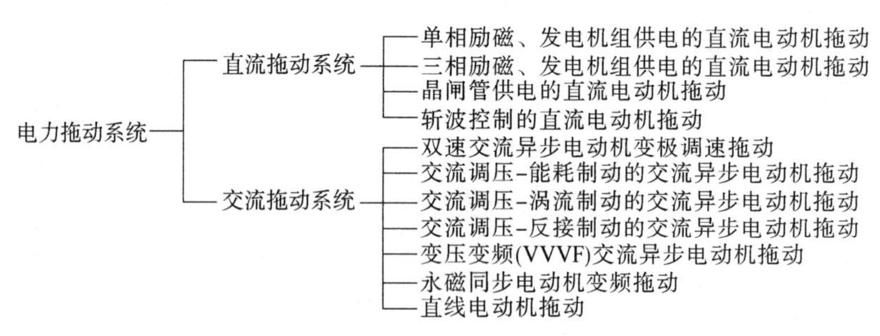

图 5－2　交流拖动系统

有使用；而 20 世纪 70 年代末出现的变压变频（VVVF）交流异步电动机拖动系统，以其优异的性能和逐步降低的价格已为大部分新装电梯所采用；永磁同步电动机拖动系统近年来开始在快速、高速无齿电梯中应用，是目前最有发展前景的拖动系统。对于不断发展的超高层建筑，电梯中心区的面积占建筑总水平投影面积的比例将会超过 50%，而采用直线电动机驱动的无曳引绳电梯能够改变这种状况，因此预计直线电动机的拖动系统将是未来电梯的发展方向。

二、双速交流异步电动机拖动系统

双速交流异步电动机拖动系统是一种较为简单、实用的电力拖动系统，该系统在 20 世纪 60 年代后期生产的货梯和客货两用电梯中得到大量使用，至今在低速、低层站、大载荷的货梯中仍有使用。

1. 调速原理

按照交流异步电动机的工作原理，电动机的转速公式为

$$n = \frac{60f_1}{p}(1-s) = n_1(1-s) \qquad (5-1)$$

其中：n 为电动机转速，f_1为电源频率，p 为电动机的磁极对数，s 为电动机的转差率，n_1为电动机的同步转速。

由式（5－1）可知，改变异步电动机转速可以通过 3 种方式来实现：一是改变电源频率 f_1；二是改变转差率 s；三是改变磁极对数 p。双速交流异步电动机拖动系统是通过改变磁极对数 p 来实现电动机的调速。

此外，在电源频率 f_1不变的前提下，电动机的同步转速 n_1与磁极对数 p 成反比。当磁极对数 p 改变时，电动机的同步转速 n_1将成倍数地变化。由于电动机的转差率一般为 0.02 ~ 0.06，因此当电动机的同步转速 n_1成倍数变化时，电动机的转速 n 也近似成倍数地变化。

改变异步电动机磁极对数的调速方式称为变极调速。变极调速是通过改变定子绕组的连接方式来实现的，它是有级调速且只适用于笼型异步电动机。凡磁极对数可改变的电动机都称为多速电动机，常见多速电动机有双速、三速、四速等几种类型。例如，电梯专用的YTD系列双速笼型异步电动机，有高、低速两套绕组，高速绕组为6极电动机（$p=3$，$n_1=1\,000$ r/min），低速绕组为24极电动机（$p=12$，$n_1=250$ r/min），电动机的同步转速n_1与磁极对数p成反比。

2. 电路及工作过程分析

电梯的工作过程可分为电梯的上下运行、电梯的起动、电梯的平稳运行、电梯的停梯。电梯专用的YTD系列双速笼型异步电动机的主电路就是根据电梯的运行需要而设计的，其曳引电动机主电路如图5-3所示。

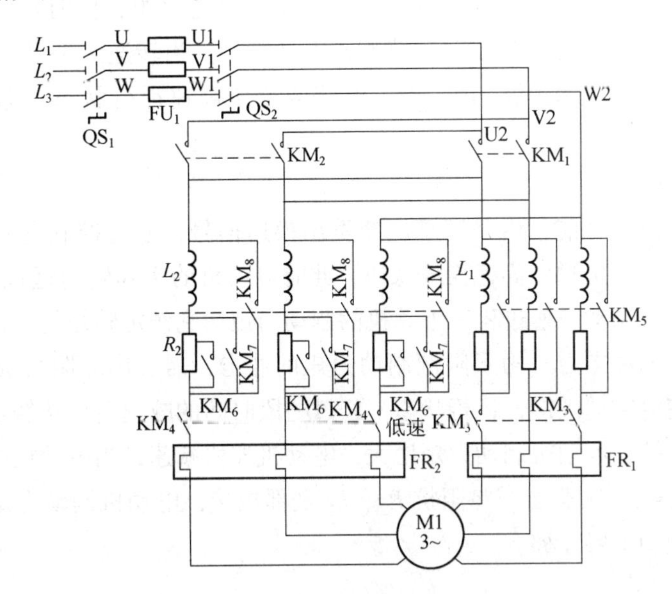

图5-3　曳引电动机主电路

图5-3中，M_1为曳引电动机，FR_1和FR_2为过载保护电阻，KM_1 ~ KM_8为接触器开关，R_1和R_2为电阻，L_1和L_2为电感，QS_2为极限开关，FU_1为熔断器，QS_1为电源总开关。

其中，电源总开关QS_1起到控制整个电路、连接市电的作用；熔断器FU_1作为整个电路的短路保护；当电梯发生故障，超越行程的极限位置时，极限开关QS_2被触碰，切断电动机的供电电源，迫使电动机停止运行，作为电梯的安全保护。通过分析可知，电源在接触器KM_1和KM_2之前进行了分流，通过改变接触器KM_1和KM_2的通断可以改变接入曳引电动机M_1电源的相序，从而改变曳引电动机的正反转，实现电梯的上下运行。接触器KM_3和KM_4控制曳引电动机高速绕组和低速绕组的通断，从而控制电动机的转速。当接触器KM_3吸合，KM_4断开时，电动机接入高速绕组，电梯高速运行；当接触器KM_4吸合，KM_3断开时，电动机接入低速绕组，电梯低速运行。接触器KM_5 ~ KM_8分别控制电动机高、低速运行时是否接入相应的阻抗，从而调节电梯的运行速度。FR_1和FR_2分别作为曳引电动机M_1高、低速运行的过载保护。

1）电梯起动过程

电梯起动时，电动机需要较大的起动转矩，根据三相异步电动机的转矩、电压、频率、电流的关系式为

$$M = K\frac{U}{f}I \tag{5-2}$$

式中：M 为转矩，K 为常数，U 为输入电压，f 为电源频率，I 为电动机定子电流。

由式（5-2）可知，在电压 U 和电源频率 P 不变的前提下，转矩 M 和电动机定子电流 I 成正比，即转矩 M 增加，电动机定子电流 I 也会增加。因此，电梯起动时，电动机起动电流的最大值约为额定电流的 4 倍，为了减小起动的冲击电流，改善舒适感，保证曳引电梯的安全运行，电梯起动时需要接入部分阻抗。因而，双速交流异步电动机拖动系统在起动时，接触器 KM_3 闭合，接触器 KM_4 断开，曳引电动机接入高速绕组，同时接触器 KM_5 断开，电动机串入阻抗 R_1、L_1，电路为降压起动状态，电梯起动。当转速 n 上升到额定转速的 80% 时，接触器 KM_5 吸合，短接阻抗 R_1、L_1，电路为全压高速运行状态，电梯进入高速稳定运行。

2）电梯停梯过程

当电梯到达停靠站之前，由井道感应器发出换速信号，通过控制电路使接触器 KM_3 断开，接触器 KM_4 吸合，电梯由高速换成低速，此时电动机的实际转速远远高于其同步转速，电动机处于再生发电制动减速过程，电动机的制动力矩达到额定转矩的数倍，这将使轿厢急剧减速而产生较大的冲击力。为了限制制动力矩的冲击，需要串入阻抗 R_2、L_2，减小电动机的制动力矩，使电路进入慢速运行状态。经过一段时间的减速后，接触器 KM_6、KM_7 相继吸合，短接部分阻抗，电动机制动力矩增大，电动机加快减速，当电动机的转速达到额定转速的 25% 时，接触器 KM_8 吸合，将阻抗 R_2、L_2 全部短接，电动机制动力矩增大，电梯进入低速运行状况，直到平层停梯。

三、电梯门开关门运动的电力拖动系统

1. 自动开关门电动机构

自动开关门电动机构一般由电动机、减速机构、开门电动机构和速度控制电路组成，其形式多种多样。自动开关门电动机构必须随着电梯轿厢移动，除了带动轿门启闭外，还应能通过机械部件带动各层层门跟随轿门的起闭而同步起闭。自动开门电动机开门过程的速度变化过程为低速起动运行→加速至全速运行→减速运行→停机，最后靠惯性运行至门全开。关门过程的速度变化过程为全速起动运行→加速至全速运行→第一级减速运行→第二级减速运行→停机，最后靠惯性运行至门全闭。为了使电梯的轿厢门和层门在启闭过程中达到快速平稳的要求，必须对开关门电动机系统进行速度调节。一般关门平均速度低于开门平均速度，这是为了防止关门时将人夹住。

2. 开关门主电路调速原理

目前的开关门电动机构普遍使用永磁同步电动机进行驱动，使用同步齿形带进行传动，

这种开门电动机构具有低功率、高效率的特点，同时也减小了开关门电动机构的体积，其控制电路如图 5－4所示。

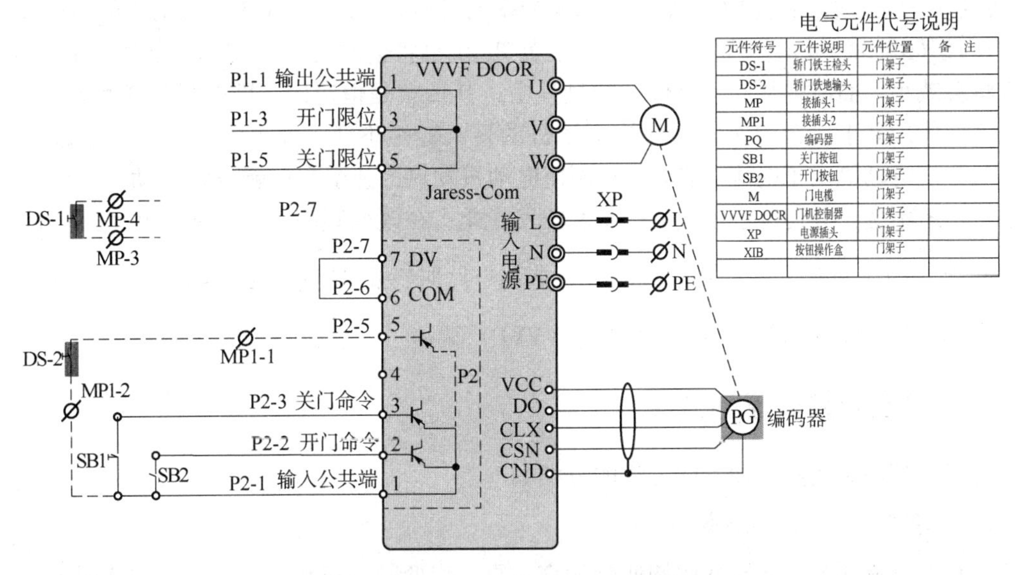

电气元件代号说明

元件符号	元件说明	元件位置	备　注
DS-1	轿门铁主检头	门架子	
DS-2	轿门铁地输头	门架子	
MP	接插头1	门架子	
MP1	接插头2	门架子	
PQ	编码器	门架子	
SB1	关门按钮	门架子	
SB2	开门按钮	门架子	
M	门电機	门架子	
VVVF DOCR	门机控制器	门架子	
XP	电源插头	门架子	
XIB	按钮操作盒	门架子	

图 5－4　开关门电动机控制电路

当电梯进入开门区域时，门电动机控制器接收到控制主板发出的开门命令，接通电动机 M 的控制电源，电动机 M 低速起动运行。开关门过程中的速度调节主要由门电动机控制器中的速度调节软件、编码器和变频器共同完成，具体的控制原理将在本项目任务三永磁同步电动机拖动系统中介绍。当电梯轿门触碰到开门限位开关时，限位开关动作，门电动机控制器接收到信号立即断开门电动机 M 的电源，电梯门停止运行。同时，门电动机控制器向电梯控制主板发出门开到位信号。同理，当门电动机控制器接收到关门信号后，将会自动控制电动机完成关门及速度调节。

任务二　变压变频调速拖动系统

一、变压变频调速基本原理

在上一个任务中，我们学习了改变磁极对数 P 的交流双速拖动系统，本任务我们将学习通过改变电源频率 f_1 来改变电动机转速的变压变频调速拖动系统。变压变频调速系统具有很好的调速性能，在异步电动机调速系统中具有重要的意义，且应用越来越广泛。

由电机学可知，三相异步电动机的转速和电压、电流、频率、极对数、磁通、转矩等还满足

$$M = K_2 \Phi i = K_3 \frac{U}{f} i = K_4 \frac{U}{f} \tag{5-3}$$

式中，f 为电源频率，Φ 为磁通，M 为转矩，U 为输入电压，i 为电动机定子电流，$K_1 \sim K$

$_4$为常数。

由式（5－1）可知，电动机的转速 n 与电源频率 f 成正比，当磁极对数 p 不变，转差率 s 也变化不大时，若能均匀连续地改变电源频率 f，则可连续平滑地改变电动机的转速 n。

由式（5－3）可知，若仅改变频率 f，转矩 M 也将会改变，当频率增加时，转矩 M 的值也将会减小。而电梯从起动到停站的过程中，其负载是恒定的，即电梯属于恒转矩负载。按电梯的使用要求，在调速时需保持电动机的最大转矩不变，如果电压不随频率改变而改变，就会使电动机定子电流 i 增加，从而使电动机发热，甚至有可能烧毁电动机。因此，为了维持转矩不变，并使定子电流 i 不发生较大变化，在改变频率 f 的同时，电动机的输入电压 U 也要作相应的变化，并使$\frac{U}{f}$保持为一常数。此时转矩 M 仅和定子电流 i 有关，而与频率 f 和电压 U 的改变无关，即变压变频（VVVF）调速。

二、变压变频调速的分类

变压变频调速按照各种不同方法的分类如下。

1. 按有无直流环节分类

按有无直流环节，变压变频调速分为交－直－交变频调速和交－交变频调速两类。

1）交－直－交变频调速

图 5－5 为交－直－交变频调速主电路，图中晶闸管 V_1 ~ V_6将工频交流电整流成直流电，然后再由大功率晶体管 V_7 ~ V_{12}将直流电压逆变成交流电压，通过对 V_7 ~ V_{12}的开关进行控制，可以改变交流电的频率，从而实现变频。在这个电路中，由于有中间直流环节，因此被称作交－直－交变频。

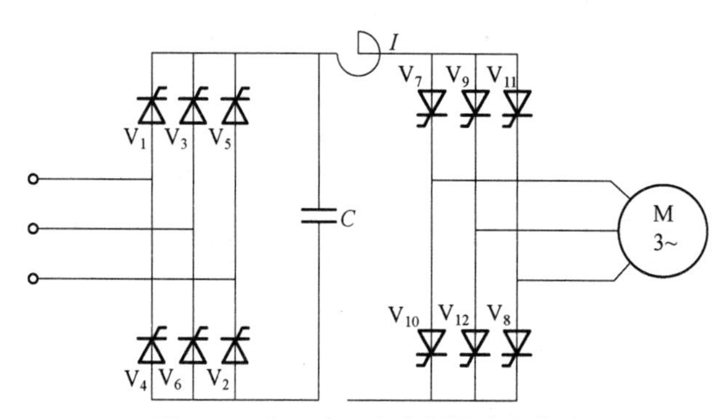

图 5－5　交－直－交变频调速主电路

2）交－交变频调速

图 5－6 为交－交变频调速主电路，图中没有直流环节，通过对晶闸管 V_1 ~ V_{18}的控制，直接将工频交流电转换成可变频率的交流电。由于交－交变频的输出频率只能在比输入频率低得多的范围内改变，适用于低转速、大转矩场合，因此在电梯中基本不采用这种调速方式。

2. 按直流环节的特点分类

按直流环节的特点，变压变频调速可分为电压型变频调速和电流型变频调速。在图 5－5

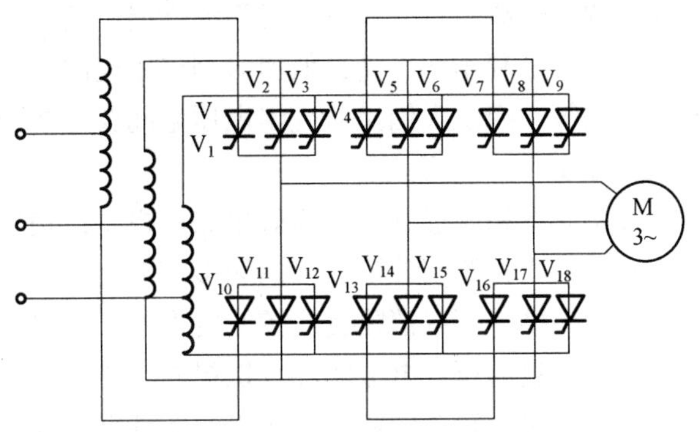

图 5－6　交－交变频调速主电路

所示的交－直－交变频电路中，若直流环节中的电容器 C 的电容量较大，而电感器 L 的电感量很小（或根本没有），那么直流侧的电压将不能突变，这种变频器称为电压型变频调速。反之，如果电容较小，而电感器较大，那么直流侧的电流就不能突变，这种变频器就称为电流型变频调速。

3. 按改善输出电压、电流波形的方法分类

按改善输出电压、电流波形的方法，变压变频调速分为采用多重化技术和脉宽调制（PWM）技术两种。多重化技术是采用两组或两组以上的变频器给一台电动机供电，使电动机的电压、电流波形得到改善；脉宽调制技术是中、小容量变频器改善波形的常用方法。

4. 按逆变器所用的开关元件分类

开关元件的主要性能指标有耐压能力、工作电流、最高工作频率及可控性。目前，变频器所用的开关元件主要有晶闸管（TH），又称可控硅（SCR）；门极关断晶闸管（GTO）；双极型晶体管（BJT），又称为电力晶体管（GTR）；绝缘栅双极晶体管（IGBT）等。因此，如果按开关类型来划分，则分为门极关断晶闸管变频器、电力晶体管变频器、绝缘栅双极晶体管变频器。

绝缘栅双极晶体管的栅极具有 MOS 结构，需要的驱动功率小，控制电路简单，且其工作频率比电力晶体管高一个数量级，可以制成性能优良的正弦波 PWM 变频器，正逐步取代电力晶体管变频器。

三、变压变频调速系统中的脉宽调制（PWM）技术

1. 变频器调速控制方式

低压通用变频器输出电压为 380～650 V，输出功率为 0.75～400 kW，工作频率为 0～400 Hz，它的主电路都采用交－直－交电路（见图 5－5），其控制方式经历了以下四代。

1）$U/f=C$，C 为常数的正弦脉宽调制（SPWM）控制方式

正弦脉宽调制控制方式的特点是控制电路结构简单、成本较低，机械特性、硬度也较好，能够满足一般传动的平滑调速要求，已在各领域得到广泛应用。但是，这种控制方式在低频时的输出电压较低，转矩受定子电阻压降的影响比较显著，导致最大输出转矩减小。另

外，其动态转矩能力和静态调速性能不尽如人意，且系统性能不高，控制曲线会随负载的变化而变化，转矩响应慢、电机转矩利用率不高，低速时因定子电阻和逆变器死区效应的存在而导致性能下降，稳定性变差等，因此人们又研究出电压空间矢量控制变频调速。

2）电压空间矢量（SVPWM）控制方式

电压空间矢量控制方式是以三相波形整体生成效果为前提，以逼近电机气隙的理想圆形旋转磁场轨迹为目的，一次生成三相调制波形，以内切多边形逼近圆的方式进行控制的。经实践后又有所改进，即引入频率补偿，以消除速度控制的误差；通过反馈估算磁链幅值，以消除低速时定子电阻的影响；输出电压、电流闭环，以提高动态的精度和稳定度。但这种方式的控制电路环节较多，且没有引入转矩的调节，所以系统性能没有得到根本改善。

3）矢量控制（VC）方式

矢量控制变频调速的做法是将异步电动机在三相坐标系下的定子电流 I_a、I_b、I_c 通过三相—二相变换，等效成两相静止坐标系下的交流电流 I_{a1}、I_{b1}，再通过按转子磁场定向旋转变换，等效成同步旋转坐标系下的直流电流 I_{m1}、I_{t1}（I_{m1} 相当于直流电动机的励磁电流，I_{t1} 相当于与转矩成正比的电枢电流），然后模仿直流电动机的控制方法，求得直流电动机的控制量，经过相应的坐标反变换，实现对异步电动机的控制。其实质是将交流电动机等效为直流电动机，分别对速度、磁场两个分量进行独立控制。通过控制转子磁链，然后分解定子电流而获得转矩和磁场两个分量，经坐标变换，实现正交或解耦控制。矢量控制方法的提出具有划时代的意义，然而在实际应用中，由于转子磁链难以准确观测，系统特性受电动机参数的影响较大，且在等效直流电动机控制过程中所用矢量旋转变换较复杂，使得实际控制难以达到理想的效果。

4）直接转矩控制（DTC）方式

1985 年，德国鲁尔大学的 DePenbrock 教授首次提出了直接转矩控制变频技术。该技术以其新颖的控制思想、简洁明了的系统结构、优良的动静态性能在很大程度上解决矢量控制的不足，得到了迅速发展。目前已成功地应用在电力机车牵引的大功率交流传动上。直接转矩控制方式直接在定子坐标系下分析交流电动机的数学模型，控制电动机的磁链和转矩，不需要将交流电动机等效为直流电动机，因而省去了矢量旋转变换中的许多复杂计算；同时它也不需要模仿直流电动机的控制，因而不需要为解耦而简化交流电动机的数学模型。

2. 脉宽调制（PWM）技术

PWM 控制是指在保持整流得到的直流电压大小不变的条件下，利用半导体开关器件的导通与关断把直流电压变换为电压脉冲序列，并通过控制电压脉冲的宽度或周期来改变等效输出电压的一种方法。

在 PWM 的输出电压波形的半个周期内，输出电压平均值的大小由这半个周期中输出脉冲的总宽度决定。半个周期中保持脉冲个数不变而改变脉冲宽度，即可改变输出电压的平均值，从而达到改变输出电压有效值的目的。脉宽调制的方法很多，按调制脉冲的极性，可以分为单极性和双极性调制；按载频信号和参考信号（基准信号）频率之间的关系，又可以分为同步式和非同步式。

PWM 输出电压的波形是非正弦波，用于驱动三相异步电动机运行时性能较差。如果使整个半周期内脉冲宽度按正弦规律变化，输出电压也会按正弦规律变化，这就是目前实际中应用最多的正弦 PWM 法，即 SPWM。

SPWM 波形产生的方法：在变频器的控制电路中，由调制波信号发生器提供的一组三相对称正弦波信号作为变频器输出的基波，与三角波振荡器提供的三角波载波信号相叠加。通过其交点时刻控制主电路半导体开关器件的通断，从而得到一组等幅而不等宽，且两侧窄、中间宽的脉冲电压波形，其大小和频率通过调节正弦波调制信号的幅值和频率而改变，即按正弦规律变化。

四、变压变频调速系统

变压变频调速系统如图 5－7 所示，不论是低速用还是中、高速用系统，其基本公用环节均由晶体管逆变器、基极驱动电路、PWM 控制电路、拖动系统计算机、速度反馈编码器和电流反馈用电流互感器组成。低速用系统采用二极管整流器和再生电路，再生电路作为曳引电动机在再生制动时的能量消耗；而在中、高速电梯中，由于整流器采用晶闸管，电梯再生能量可通过晶闸管反馈到电网，所以不需要再生电路。

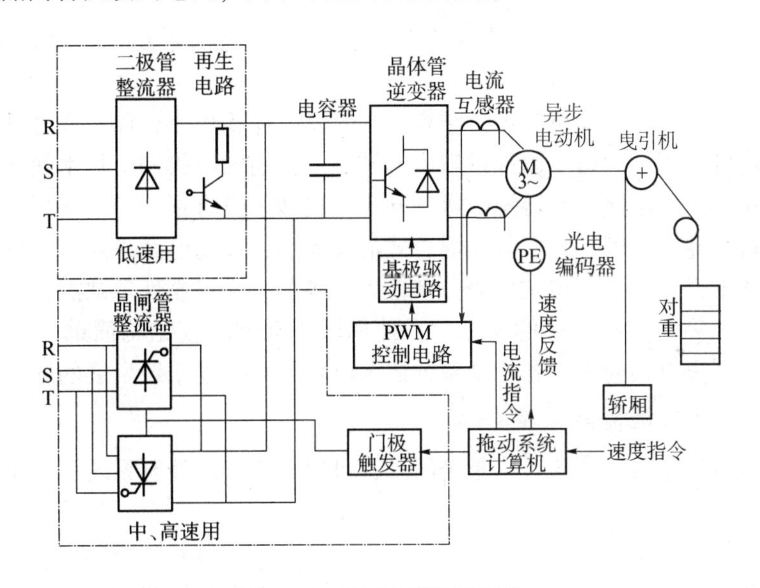

图 5－7 变压变频调速系统

变压变频调速系统的变频器采用交—直—交形式，三相交流电经二极管整流模块（或晶闸管模块）组成的整流器变成直流电，由高电压大容量的电解电容器进行滤波，成为平滑的直流电，然后通过大功率晶体管模块组成的逆变器，将直流电变换为频率不同、电压可变的三相交流电，驱动变频电动机实现变压变频无级调速。

为了提高系统的控制精度，拖动系统采用 16 位计算机控制，它根据速度指令信号和速度反馈信号，经运算后产生电流指令信号去控制 PWM 电路。PWM 电路将电流指令信号和电动机实际电流反馈信号，经比较后形成 PWM 控制信号，此信号经基极驱动电路放大后，去控制逆变器中功率晶体管的导通和截止，使逆变器输出变压变频的正弦交流电。

任务三　永磁同步电动机拖动系统

电梯是为高层建筑交通运输服务的比较复杂的机电一体化设备。近年来，随着城市的发展，高层建筑的数量迅速增多，人们对高性能电梯的电力拖动系统提出了新的要求，即更加舒适、小型、节能、可靠和速度控制精确有效。为了满足这一要求，离不开电机技术、功率电子技术、微型计算机技术及电机控制理论的发展。传统的电梯变频调速电气拖动系统一般采用交流异步电机，缺点是需要齿轮减速设备，结构复杂，成本高，效率低。近年来发展起来的永磁同步电机具有以下优点：

（1）无电刷和换向器，工作可靠，维护和保养简单；

（2）定子绕组散热快；

（3）惯量小，易提高系统的快速性；

（4）适应高速大力矩工作状态；

（5）相同功率下，体积和重量较小。

此外，永磁同步电机产生的谐波噪声较小，应用于电梯系统中，可以带来更佳的舒适感。

永磁同步电机与异步电动机相比，结构更加紧凑、体积更小，而且通过设计多极对数可以进一步减小电机体积，同时可以提供较大的转矩。目前的电机制造技术使得永磁同步电动机在低速下也能够产生足够大的转矩。永磁同步电机转子没有损耗，效率更高，而且其交流控制系统的驱动器经历了模拟式、数模混合式的发展后，目前已经进入了全数字的时代。全数字控制驱动器不仅克服了模拟式伺服分散性大、零飘、不可靠性等缺点，还充分发挥了数字控制进度上的优势和控制方法的灵活性，使伺服驱动器不仅结构简单，而且性能更加可靠。因此，永磁同步电机的无齿轮传动系统成为电梯电力拖动系统发展的新方向。

1. 永磁同步电动机控制系统分类

永磁同步电机控制系统按照系统是否闭环，可以分为开环控制系统、半闭环控制系统和全闭环控制系统 3 种。

（1）开环控制系统

开环控制系统是指系统的输出没有反馈到系统中，即没有反馈的控制系统。这种系统精度比较低，控制不是很平稳，实时性能较差，只适用于控制要求较低的控制场合。

（2）半闭环控制系统

半闭环控制系统本身属于闭环系统，但是它的反馈信号在中间经过了机械传动部件的位置转换，对实际位置位移采用间接测量的方法，然后反馈到系统中，存在测量转换误差，主要应用于反馈信号不能直接测量或者测量难度较高的场合。

（3）全闭环控制系统

全闭环控制系统是一种真正的闭环控制系统，在结构上与半闭环控制系统是一样的，只是它的位置检测元件直接安装在系统的最终运动部件上，反馈信号是整个系统最终的输出信号，所以有效地补偿了系统内部的误差，其控制精度是最高的。

按照系统控制信号的表现形式，控制系统又分为模拟控制系统和数字控制系统。

1）模拟控制系统

在数字逻辑器件发展水平还较低的时候，控制系统多采用模拟元件构成，系统的控制信号、中间信号和输出信号都是模拟信号。由于器件参数的误差，以及温度、湿度、工作时间、负载变化等因素导致器件参数的改变，系统的控制精度和稳定性都不是很好。并且模拟控制系统主要是硬件控制，不利于系统的升级和维护。

2）数字控制系统

数字控制系统的控制和调节都是采用数字技术，也就是系统的输入指令和反馈信号都是采用数字逻辑电平信号而不是传统的模拟电压（电流）信号。随着数字逻辑器件的发展，特别是数字信号处理器（DSP）以及数字信号控制器（DSC）逻辑控制单元的发展，使得先进的控制算法、大量的逻辑和数学运算都可以在微处理器中快速完成。由于数字控制系统的控制精度高、体积小、可靠性高、升级方便，目前已经逐步取代了模拟控制系统。

2. 永磁同步电动机拖动系统

电梯上使用的永磁同步电动机拖动系统是一个数字式的闭环控制系统，主要由硬件系统、软件系统和永磁同步电动机构成，如图5－8所示。

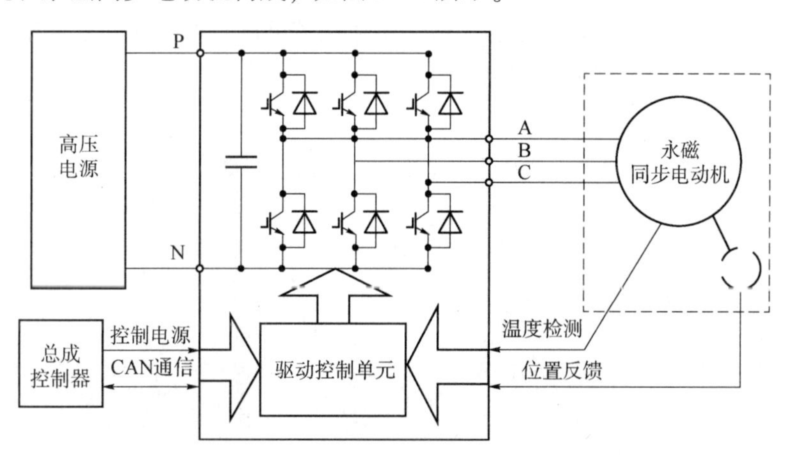

图5－8　永磁同步电动机拖动系统

其中，硬件系统主要由控制单元、功率逆变单元、信号检测单元、反馈信号调理单元和永磁同步电机构成。

（1）控制单元。控制单元是整个控制系统的核心部分，其主要器件为具有高速运算能力的单片机、数字信号处理器、FPGA（Field Programmable Gate Array，现场可编程门阵列）或电动机专用ASIC芯片。

（2）功率逆变单元。功率逆变单元的主要作用是将控制芯片产生的PWM信号转换为电机需要的强电信号，目前应用比较广泛的有IGBT（Insulated Gate Bipolar Transistor，绝缘栅双极型晶体管）、可关断晶闸管（GTO）、集成门电动机换向晶阀管（IGCT）和智能功率模块（IPM）。其中，智能功率模块是集功率器件IGBT、驱动电路、检测电路和保护电路于一体，能够实现过流、短路、过热、欠压保护，模块包含三相桥逆变器及其他保护电路，体积小、效率高、可靠性高，目前已经成为功率逆变器的主流选择。

（3）信号检测单元。信号检测单元主要通过各种传感器实现控制系统工作时的电流、速度、位置、温度、电压以及相关其他参数的测量和检测。其中，电流、速度和位置信号作为系统闭环控制的输入信号。常用的电流检测方案有电阻采样加线性光耦隔离、霍尔电流传感器以及互感器进行测量。一般速度信号不能直接测量，但可通过位置信号的微分算法得出，位置信号可以通过正交编码器、旋转变压器、电位器等来检测。温度、电压等信号检测的作用是用于系统的保护，防止系统在非正常工作状态时工作而受到损坏。

（4）反馈信号调理单元。信号调理电路一般作为接口电路，用于传感器和数模转换器之间的连接，并把传感器获得的微弱电信号转换成数模转换器能够识别的电信号。

3. 永磁同步电动机主电路

永磁同步电动机的主电路就是对定子三相绕组供电的电路，有以下两种形式。

一种是采用大功率晶体管组成变频器给电动机供电的主电路，为了提高系统的性能，通常采用矢量控制方式进行控制。

另一种是采用晶闸管组成变频器给同步电动机供电的主电路，在这种供电方式下，通常采用自控式变频方式进行控制。控制系统不断地检测转子位置，在自然换相点之前触发需要导通的晶闸管，实现晶闸管间的换相。这样就不需要设置晶闸管的关断电路，控制电路结构简单。在自控方式下，同步电动机不会失步，工作比较可靠，由于这种方式相当于直流电动机的供电，因此也称为无换向器电动机。

项目六

电梯电气控制系统

任务分析

本项目的主要任务是了解电梯电气控制系统的分类，掌握电梯电气控制系统的功能。

建议学时

6~8 学时。

学习目标

(1) 了解电梯电气控制系统的概念。

(2) 了解电梯电气控制系统的分类。

(3) 掌握电梯电气控制系统的功能。

任务一　电梯电气控制系统的概述与分类

一、电梯电气控制系统的概述

电梯的电气控制系统主要用于对电梯主曳引电动机和门电动机的起动、运行方向、减速、停止的控制，以及对每层站显示、层站召唤、轿内指令、安全保护等指令信号进行管理。操纵是实行每个控制环节的方式和手段。

控制系统的功能与性能直接决定着电梯的自动化程度和运行性能。微电子技术、交流调速理论和电力电子学的迅速发展及广泛使用，不仅提高了电梯的整机性能，而且改善了电梯的乘坐舒适感，提高了电梯控制的技术水平和运行可靠性。如图 6-1 所示，电气控制系统除传统的继电器控制系统外，还有 PLC 控制系统和微机控制系统，且目前已成为主流。

图6-1　电梯电气控制系统的分类

1. 继电器控制系统

继电器控制系统的优点是简明易懂，电路直观，易与掌握。该系统通过继电器—接触器触点的断合，进行逻辑判断和运算，进而控制电梯的运行。但从实际使用来看，该系统存在以下缺点：

（1）触点易磨损、电接触不好、故障率高；

（2）触点闭合缓慢、动作速度慢；

（3）设备体积大，控制柜占机房面积大；

（4）控制系统的能量消耗大；

（5）维修保养工作量大、成本高；

（6）控制功能少、接线复杂、通用性与灵活性较差。

因此，继电器控制系统仅适用于电梯速度不高（小于1.75 m/s）和要求较低的场合，逐渐被可靠性高、通用性强的PLC控制系统及微机控制系统所代替。典型继电器外观如图6-2所示。

2. PLC控制系统

可编程序控制器是计算机家族中的一员，是为工业控制应用而设计制造的。早期的可编程序控制器称作可编程逻辑控制器（Programmable Logic Controller，PLC），它主要用来代替继电器实现逻辑控制。随着技术的发展，这种装置的功能已经大大超过了逻辑控制的范围，因此，目前将这种装置称作可编程序控制器，同时为了避免与个人计算机（Personal Computer）的简称混淆，所以仍将可编程序控制器简称PLC 。

PLC采用可编程的存储器，用于其内部存储程序、执行逻辑运算、顺序控制、定时、计数与算术操作等面向用户的指令，并通过数字或模拟式输入/输出控制各种类型的机械或生产过程。某常用品牌PLC外观如图6-3所示。

图6-2　典型继电器外观

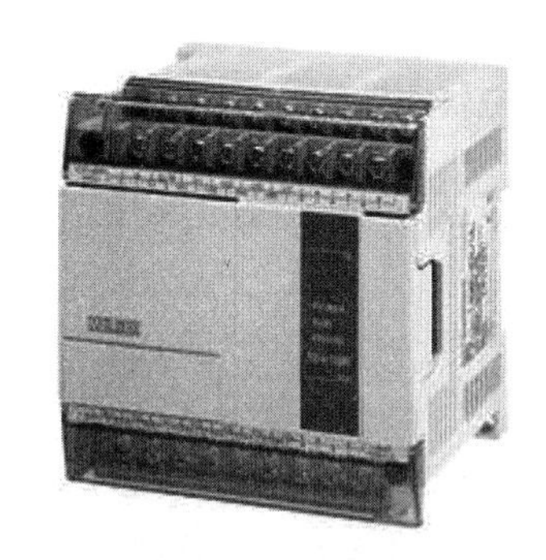

图6-3　某常用品牌PLC外观

图 6－4　单片机电路板

3. 微机控制系统

单片机也被称为微控制单元（MCU），它最早是被用在工业控制领域。单片机由芯片内仅有 CPU 的专用处理器发展而来，其最早的设计理念是通过将大量外围设备和 CPU 集成在一个芯片中，使计算机系统更小，更容易被集成在复杂且对体积要求严格的控制设备当中。Intel 的 Z80 是最早按照这种思想设计出的处理器，从此以后，单片机和专用处理器的发展便分道扬镳。单片机电路板如图 6－4 所示。

二、电梯电气控制系统的分类

电梯电气控制系统一般可按下列 4 种方法分类。

1. 按控制方式分类

电梯电气控制系统按控制方式可分为以下 8 种。

（1）轿内手柄开关控制电梯的电气控制系统。该系统是由电梯司机控制轿内操纵箱的手柄，实现控制电梯运行的电气控制系统。

（2）轿内按钮开关控制电梯的电气控制系统。该系统是由电梯司机控制轿内操纵箱的按钮，实现控制电梯运行的电气控制系统。

（3）轿内外按钮开关控制电梯的电气控制系统。该系统是由乘用人员控制层门外召唤箱或轿内操纵箱的按钮，实现控制电梯运行的电气控制系统。

（4）轿外按钮开关控制电梯的电气控制系统。该系统是由乘用人员控制层门外操纵箱的按钮，实现控制电梯运行的电气控制系统。

（5）信号控制电梯的电气控制系统。该系统是将层门外召唤箱发出的外指令信号、轿内操纵箱发出的内指令信号和其他专用信号等加以综合分析判断后，由电梯专职司机控制电梯运行的电气控制系统。

（6）集选控制电梯的电气控制系统。该系统是将层门外召唤箱发出的外指令信号、轿内操纵箱发出的内指令信号和其他专用信号等加以综合分析判断后，由电梯司机或乘用人员控制电梯运行的电气控制系统。

（7）两台集选控制作并联控制运行的电梯电气控制系统。该系统是两台电梯共用厅外召唤信号，由专用微机或两台电梯 PLC 与并联运行控制微机通信联系，调配和确定两台电梯的起动、向上或向下运行的控制系统。

（8）群控电梯的电气控制系统。该系统是对集中排列的多台电梯，共用厅外的召唤信号，由微机按规定顺序自动调配，确定其运行状态的电气控制系统。

2. 按用途分类

按用途分类主要指按电梯的主要乘载任务分类，由于承载对象的特点及电梯乘坐舒适感以及平层准确度的要求不同，电气控制系统也存在一定的区别，主要包括以下 3 种：。

（1）载货电梯、病床电梯的电气控制系统。采用这种控制系统的电梯的提升高度一般比较低，运送任务不多，对于运行效率也没有过高的要求，但是对于平层准确度的要求则比较高。按控制方式分类的轿内手柄开关控制电梯的电气控制系统和轿内按钮开关控制电梯的电气控制系统，以往都作为这类电梯的电气控制系统，但是随着科学技术的发展，货、病梯的自动化程度已经日益提高。

（2）杂物电梯的电气控制系统。杂物电梯的额定载重量只有 100 ~ 200 kg，运送对象主要是图书、饭菜、杂物等物品，其安全设施不够完善，国家有关标准规定，这类电梯是不允许载人的，因此控制电梯上下运行的操纵箱不能设置在轿厢内，只能在厅外。轿外按钮开关控制电梯的电气控制系统多作为这类电梯的电气控制系统。

（3）乘客或病床电梯的电气控制系统。乘客和病床电梯装在多层站，客流量大的宾馆、医院、饭店、写字楼和住宅楼里，要求有比较高的运行速度和自动化程度，以提高其运行工作效率。信号控制电梯电气控制系统、集选控制电梯电气控制系统、两台并联和三台以上群控电梯电气控制系统等可作为这类电梯的电气控制系统。

3. 按扭动系统的类别和控制方式分类

电梯电气控制系统按扭动系统的类别和控制方式可分为以下 10 种。

（1）交流双速异步电动机变极调速拖动（以下简称交流双速）、轿内手柄开关控制电梯的电气控制系统。该系统采用交流双速，控制方式为轿内手柄开关控制，适用于速度 $v \leq 0.63$ m/s 的一般货、病梯。

（2）交流双速、轿内按钮开关控制电梯的电气控制系统。该系统采用交流双速，控制方式为轿内按钮开关控制，适用于速度 $v \leq 0.63$ m/s 的一般货、病梯。

（3）交流双速、轿内外按钮开关控制电梯的电气控制系统。该系统采用交流双速，控制方式为轿内外按钮开关控制，适用于速度 $v \leq 0.63$ m/s，客流量不大的建筑物里作为上下运送乘客或货物的客货梯。

（4）交流双速、信号控制电梯的电气控制系统。该系统采用交流双速，控制方式为信号控制，具有比较完善的性能，适用于速度 $v \leq 0.63$ m/s，层站不多、客流量不大并且较为均衡的一般宾馆、医院、住宅楼、饭店的客梯。

（5）交流双速、集选控制电梯的电气控制系统。该系统采用交流双速，控制方式为集选控制，具有完善的工作性能，适用于速度 $v \leq 0.63$ m/s，层站不多、客流量变化较大的一般宾馆、医院、住宅楼、饭店、办公楼和写字楼的电梯。

（6）交流调压调速拖动、集选控制电梯的电气控制系统。该系统采用交流双速电动机作为曳引电动机，设有对曳引电动机进行调压调速的控制装置，控制方式为集选控制，具有完善的工作性能，适用于速度 $v \leq 1.6$ m/s，层站较多的宾馆、医院、写字楼、办公楼、住宅楼、饭店的电梯。

（7）直流电动机拖动、集选控制电梯的电气控制系统。该系统采用直流电动机作为曳引电动机，设有对曳引电动机进行调压调速的控制装置，控制方式为集选控制，具有完善的工作性能，适用于多层站的高级宾馆、饭店的乘客电梯（我国从 1987 年以后就不再生产了）。

（8）交流调频调压调速拖动、集选控制电梯电气控制系统。该系统采用交流单绕组单速电动机作曳引电动机，设有调频调压调速装置，控制方式为集选控制，具有完善的工作性能，适用于各种场合。

（9）交流调频调压调速拖动、2 ~ 3 台集选控制电梯作并联运行的电梯电气控制系统。该系统采用交流调频调压调速拖动，2 ~ 3 台集选控制电梯作并联运行，以减少 2 ~ 3 台电梯同时扑向一个指令信号而造成扑空的情况，这不仅能提高电梯的运行工作效率，还可以省去 1 ~ 2 套外指令信号的控制和记忆装置，适用于宾馆、饭店、写字楼、医院、办公楼、写字楼、住宅楼，层站比较多，速度 $v \geq 1.0$ m/s 的电梯。

（10）群控电梯的电气控制系统。该系统采用交流调频调压调速拖动，具有根据客运任务变化情况自动调配电梯行驶状态的完善性能，适用于大型高级宾馆、饭店、写字楼内的多台梯群。

4. 按管理方式分类

任何电梯不但应该有专职人员管理，而且应该由专职人员负责维修。按管理方式分类，主要指按有无专人负责监管以及由专职司机控制，或忙时由专职司机去控制，闲时由乘客自行控制电梯运行的方式进行分类。按这种方式电梯电气控制系统分为下列3种。

（1）有专职司机控制的电梯电气控制系统。按控制方式分类的轿内手柄开关控制电梯电气控制系统、轿内按钮开关控制电梯电气控制系统和信号控制电梯电气控制系统，都是需要专职司机进行控制的电梯电气控制系统。

（2）无专职司机控制的电梯电气控制系统。按控制方式分类的轿内外按钮开关控制电梯电气控制系统、群控电梯电气控制系统和轿外按钮开关控制电梯电气控制系统，都是不需要专职司机进行控制的电梯电气控制系统。

（3）有/无专职司机控制电梯的电气控制系统。按控制方式分类的集选控制电梯电气控制系统，就是有/无专职司机控制电梯的电气控制系统。采用这种管理方式的电梯，轿内操纵箱上设有一只具有“有”“无”“检”3个工作状态的钥匙开关，司机可以根据乘载任务的多少以及出现故障等情况，用专用钥匙扭动钥匙开关，使电梯分别置于有司机控制、无司机控制、故障检修控制3种状态下，以适应不同乘载任务和检修工作的需要。对于无专职司机控制的电梯，应有专人负责打开和关闭电梯，以及经常巡查监督乘用人员正确使用和爱护电梯，并做好日常维护保养和检修工作等。

任务二 典型电梯电气控制系统分析

电梯控制系统各环节的功能由不同电路完成，这些电路主要包括定向选层控制电路、运行控制电路、开关门控制电路、检修运行电路和消防运行电路等。以上控制线路都受内指令（即要去哪个层站）和厅召唤（即要电梯到哪个层站去接客拉货）以及轿厢所在层站位置信号的制约。电梯电气控制系统各环节的联系如图6－5所示。

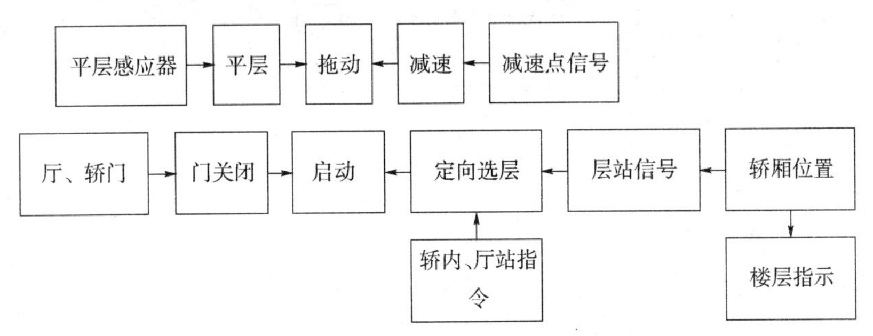

图6－5 电梯电气控制系统各环节的联系

一、定向选层控制电路

电梯是载人装物的运输设备，要使用它，必须先知道它所处的位置（观看层站指示），再给它一个呼叫信号，呼叫它前来应召。当走进轿厢内之后，按选层按钮，它就会向指令所指示的层站行驶。

1. 定向选层控制的要求与方法

1）定向选层控制的要求

（1）轿内信号优先于轿外信号。

（2）自动电梯只有在厅轿门全部关闭后，且轿内在没有指令的情况下，才能按照厅外召唤指令确定轿厢运行方向。

2）定向选层控制的方法

（1）手柄开关定向。手柄在中间位置时停止，手柄向上推，电梯上行；手柄向下推，电梯下行。这种方法目前已被淘汰。

（2）井道内分层转换开关定向，轿厢停在哪层，哪层的开关居中间位置，在轿厢上方的则开关柄置于上方位置，在轿厢下方的则开关柄置于下方位置（杂货梯上使用）。

（3）机械选层装置定向。

（4）井道内永磁开关与继电器构成的逻辑电路定向。

（5）电子选层装置定向，由井道内的双稳态开关与电气电路定向。

（6）用红外光盘测出光电开关信号，输入微机，经计算比较给出方向信号。

2. 信号控制电路的工作原理

1）内指令信号

内指令信号由轿厢内操作盘给出，在操作盘上每一楼层都设有一个带灯的按钮。当按下某层按钮后，按钮内灯亮表示指令已登记，当电梯到达所选层站时，灯灭表示该信号被消除。内指令信号电路图如图 6－6 所示。

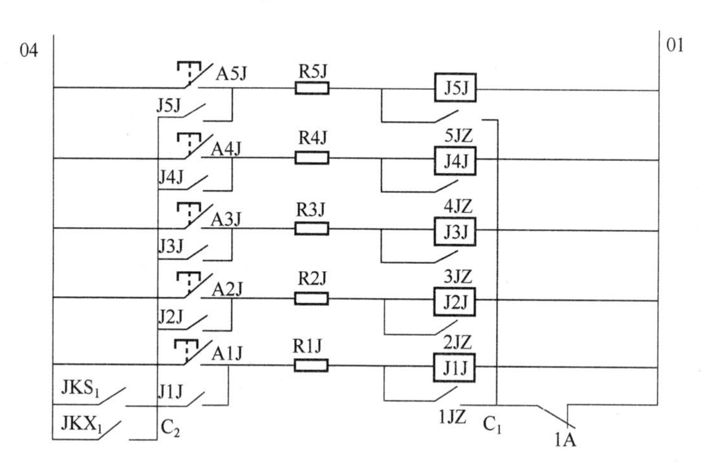

图 6－6　内指令信号电路图

2）厅召唤指令信号电路

电梯的运行方式可根据相应的召唤电路，构成不同功能用途的电路，但其中共有的功能为当电梯上行时应保留下呼信号，下行时应保留上呼信号。厅召唤指令信号电路图如图 6－7 所示。

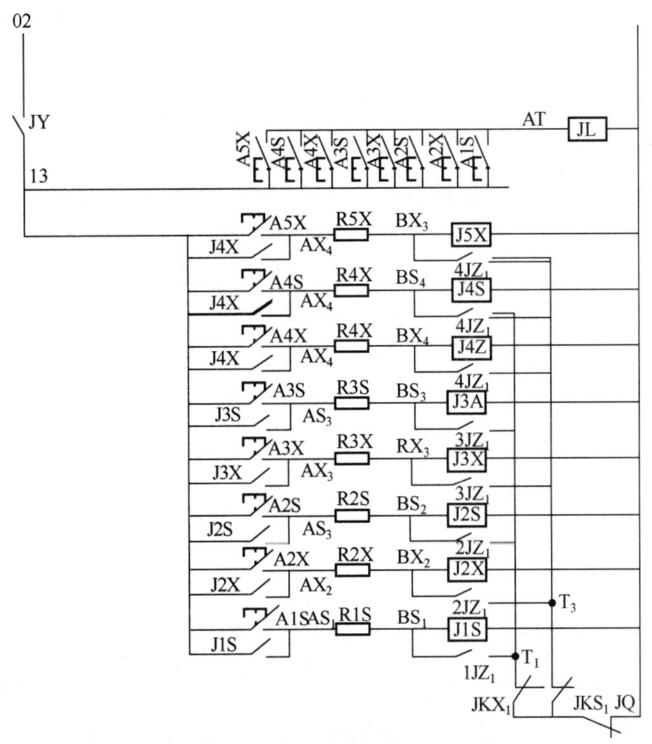

图 6－7　厅召唤指令信号电路图

3）层站信号的获取与连续

层站信号获取方法很多，下面介绍一种用永磁感应开关获取层站信号的方法，其电路图如图 6－8 所示。

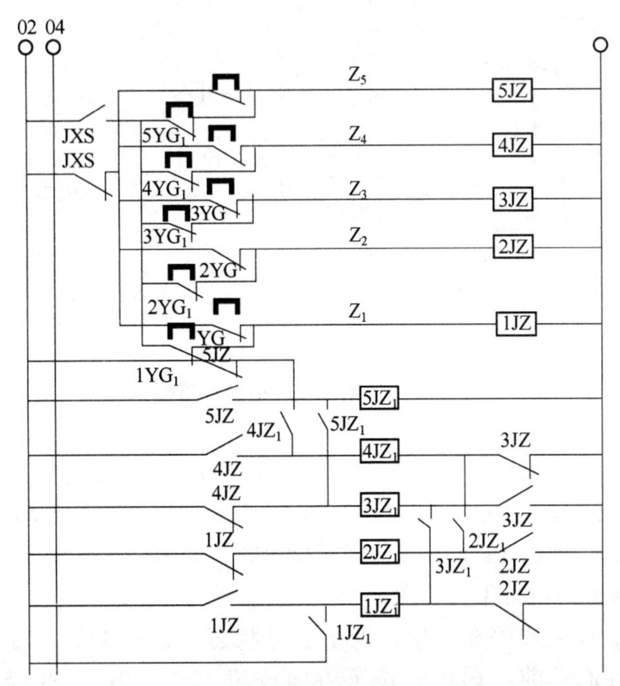

图 6－8　层站信号的获取与连续电路图

在正常情况下，装在井道内的感应器干簧管触点在磁铁的作用下处于开路状态，当装于轿厢上的隔磁板插入感应器时，磁路被短路，触点复位闭合，电路接通，发出轿厢位置信号。但这样所取得的信号不连续，没法参与定向，其显示信号的指层灯也不会连续。采用辅助层站继电器的触点连锁法，可得到连续信号。由图6－8可知，当电梯在一层，隔磁板插入一层永磁继电器内，使一层的层站继电器1JZ与层站辅助继电器相继吸合，1JZ触点接通指层灯表示轿厢在一层；当电梯运行离开一层，隔磁板同时离开一层永磁继电器，使1JZ释放，而1JZ自锁使一楼指示灯继续点亮。当轿厢接近二层，隔磁板插入二层永磁感应继电器，使2JZ吸合，同时1JZ释放，2JZ吸合并自锁，这时二层灯亮，一层灯灭，指示轿厢在二层，轿厢的运行位置就这样一层一层地显示了。

3. 定向选层电路

1）信号控制电梯的选层定向

层站信号的作用除了指层外，更重要的是用于选层定向，定向选层控制电路图如图6－9所示。

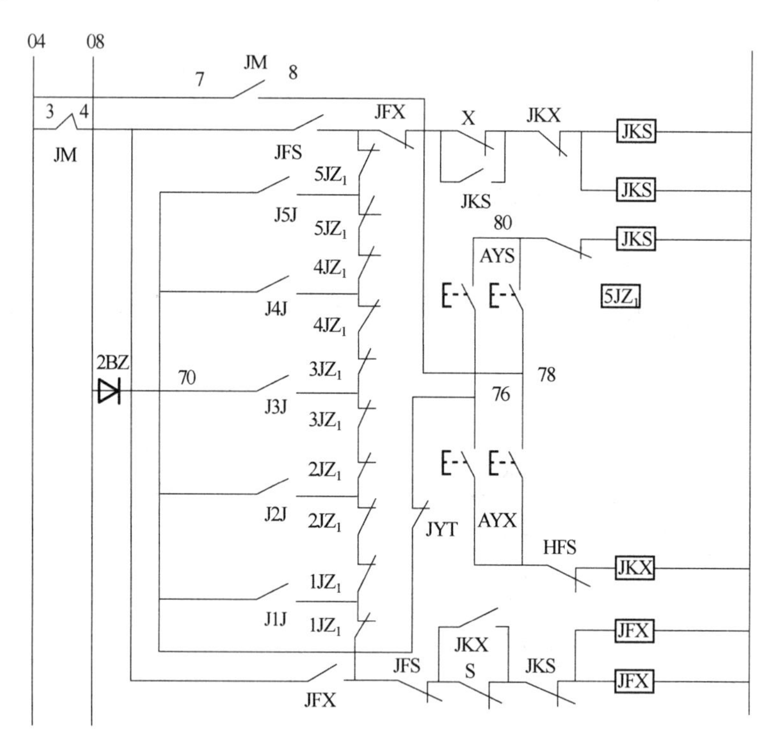

图6－9　定向选层控制电路图

（1）自动选向。设电梯在二楼，则2JZ的两个常闭触点打开。这时如果司机按下三层站内指令按钮，则J3J吸合，这时电源08经2BZ→J3J→$3JZ_1$→$4JZ_1$→$5JZ_1$→JFX→X→JKX使JKS吸合，电梯选上行方向。在上下方向都有指令时，如果电梯处于上行运行状态，则执行完最上层指令后，再返回执行下方指令。

（2）司机选向。设电梯停在二楼，处于上行状态，这时J4J、J5J、J1J吸合，本来电梯应继续上升，但在起动前，司机若按下方向按钮AYX，电源08经2BZ→JYT→JFS使

JFX 吸合，JFX 断开使 JKS 释放，电流经 2BZ→J1J→1JZ→JFS→S→JFS 使 JKX 吸合，电梯则选下行方向。

（3）选层。选层就是指同时有轿内指令和厅召唤信号时，电梯响应哪一个信号，预选的层站在电梯将到达时发出换速信号。设三层有内指令信号，J3J 吸合，在电梯将达到三层时，3JZ 吸合，电流 04 经 J3J→3JZ→JTQ1 使 JT 吸合，发出换速信号并自锁。电梯到达顶层或底层时，无论有无内指令都必须换速以防越位。JTQ 是换速消除继电器，当电梯停稳后，使停梯继电器释放。

2）集选电梯的定向选层电路

集选电梯与信号控制的不同之处在于厅召唤信号是否参与选层定向，集选电梯由操纵箱上的钥匙开关选择有/无司机操作。当选择无司机时，无司机继电器吸合，电梯可以自动定向选层，根据厅召唤与轿内指令决定轿厢运行方向。当轿厢到站后，自动开门，并延时自动关门，一切由集选逻辑电路来完成控制选择。

二、运行控制电路

电梯的正常运行包括起动、加速、稳速运行、换速、平层制动停车等环节，各环节的控制性能决定着电梯的安全运行和运行性能。

1. 正常运行控制的要求

电梯正常运行控制的要求如下：

（1）满足起动条件后，电梯能自动、迅速、可靠地起动。一般起动时间越短越好，但时间过短也会因冲击力太大，造成部件损坏，而且乘客会有不舒适感，一般靠降压缓解冲击。

（2）无论有级加速还是无级加速都必须满足加速度，不应超过 1.5 m/s^2的要求。

（3）电梯在正常运行过程中，应保持方向的连续性和换速点的稳定性。

（4）在接近停车层时应有合适的换速点，减速过程应平稳、舒适。换速点是按距离确定的。

（5）电梯的平层准确度越高，电梯性能就越好。平层方法有两种，一是利用平层感应器平层；二是确定换速点后按距离直接平层。

2. 各环节的工作原理

1）起动与起动电路

当方向选定、门全关闭这两个条件满足后，电梯方能起动。起动电路原理图如图 6－10 所示。

2）电梯拖动控制及换速电路

图 6－11 为电梯的停车换速线路。换速过程为：设电梯从一层向三层运行，这时 J3J 吸合，当轿厢欲到达三层时，三层永磁感应器动作，3JZ 断开，JTQ 释放，但因延时 JYQ_1 仍吸合，JT 吸合并自锁。由于 JT 的吸合，JQ 断开（见图 6－10），电梯实现换速。若运行中电梯突然失去方向时，也能使 JT 吸合，从而使电梯转入制动减速运行（包括两端站减速信号的发出，因为两端站电梯方向信号肯定会消失）。

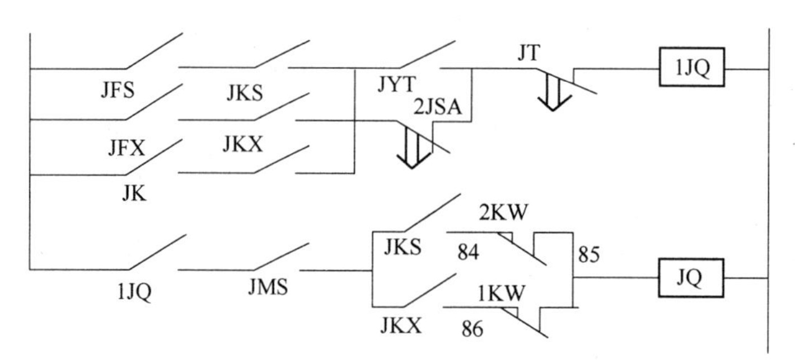

图6－10　起动电路原理图

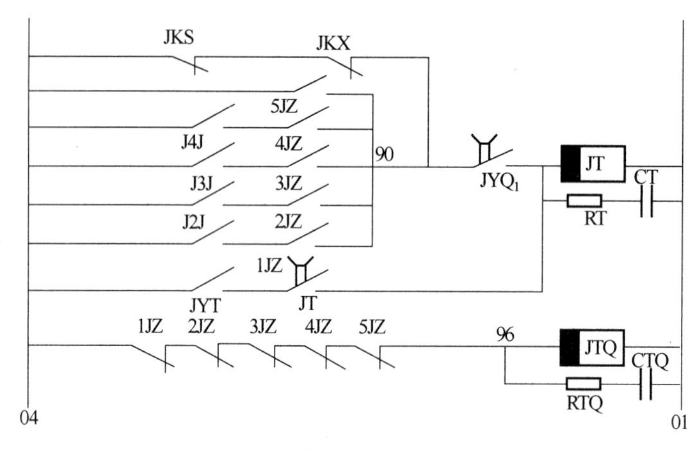

图6－11　停车换速电路原理图

3）电梯的减速电路

①如图6－12所示，当换速信号发出后，JQ_1断开，切断S（X）起动通路。这时S（X）由JK2→S（X）→X（S）第一条保持通路维持吸合。同时JQ释放使K释放，M吸合，S（X）由JMQ→M→S（X）第二通路保持吸合。此时电动机定子慢车绕组已串入阻抗减速运行。当M吸合后，ZCSJ（常闭）延时使2C吸合，短路慢速绕组一段阻抗。

②电梯继续减速上升到JK延时一段时间释放后，这时S(X）的第一条维持回路断开，只由第二条保持回路维持吸合。在减速时由于2C的吸合使3CSJ延时一段时间后，使3C吸合，短接掉全部慢速绕组中的阻抗值，电梯进入慢速运行。

（1）起动运行：定向、关门选层后，JSF上方向继电器吸合，门锁继电器吸合，快车起动继电器JQF吸合。

（2）平层：当电梯运行到换速点时，JHS吸合，使JQF释放，电梯切换到平快速度。当电梯轿厢进入平层区时，隔磁板插入GX使JGX吸合，JPK（快速平层继电器）由平快切换到平慢运行，准备平层。

当电梯平慢运行，隔磁板插入GM时，JQM（提前开门继电器）吸合，提前开门，JSM释放，此时形成JQM→JTZ（常闭）→JSY→JXY（常闭）→JGS（常闭）→XX（常闭）→JSY通路，JSY保持吸合。

当电梯继续平慢上升，隔磁板插入GS时，继电器JGS吸合，其接点断开JSY的通路，电梯停止运行。

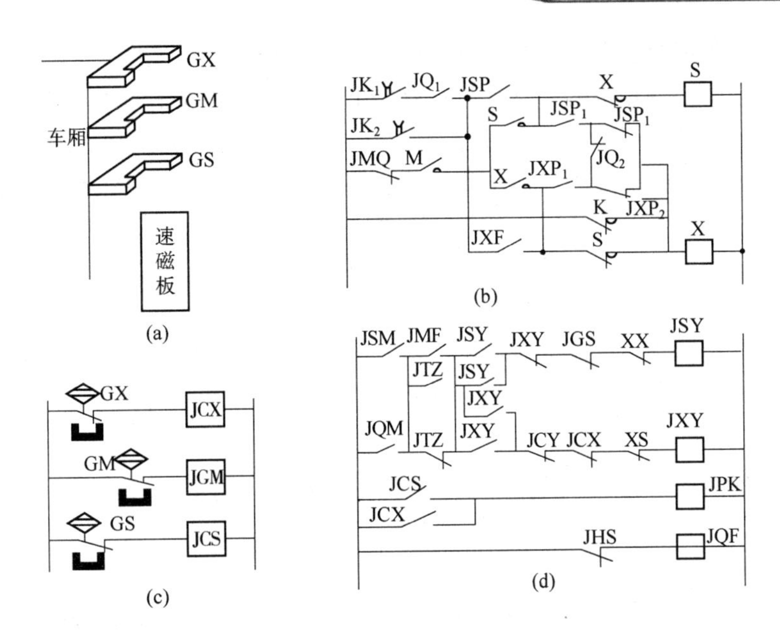

图 6－12　平层电路原理图

（a）平层感应器位置示意图；（b）感应器电路图；
（c）交流梯平层电路原理图；（d）直流梯平层电路

三、电梯开关门拖动电路和控制电路

1. 电梯开关门拖动电路

电梯开关门拖动分交流拖动和直流伺服电动机拖动，图 6－13 为直流伺服电动机开关门拖动电路图。图中 JGM 为关门继电器，DMO 为电机励磁绕组，JKM 为开门继电器，MD 为门电动机，RCM 为关门电阻，RMD 为开关门调速电阻，RKM 为开门电阻，JY 为安全继电器器。伺服电动机额定电压为直流 110 V，额定功率为 127 W，额定转速为 1 000 r/min，具有起动转矩大、调速性能好的特点。

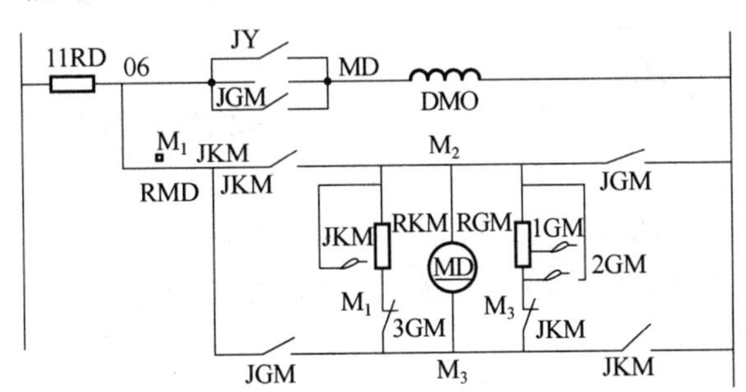

图 6－13　直流伺服电动机开关门拖动电路图

改变电动机电枢两端电压极性即可改变电机旋转方向，实现电梯门的开启与关闭。通过串联电阻分压电路改变电枢两端电压来改变电动机转速。还可以调整并联电阻大小使开关门速度变慢，直至打开或关闭。

关门时，JGM 吸合、JKM 释放，由电阻 RMD、RCM 构成分压电路，电枢分压起动。当门关到2/3处，撞弓或打板压住1GM限位开关，使其触点闭合，RGM被短路2/3电阻，分流增大使开关门电动机转速变慢；当门关闭到3/4时，撞板又压住2GM，将RGM阻值短接到3/4位置，使通过开关门电机的电流进一步减少，导致开关门电动机转速更慢直到慢慢将门关闭，撞板压住3GMK，使JCM释放，切断开关门电机电源，电动机产生能耗制动，迅速停转，关门结束。

开门过程也是如此，只不过开门至2/3时将RKM的1KM压合，只一级减速至门全开压住2KM断电，开门结束。

开关门电动机在旋转过程中，通过连杆或链轮、皮带轮变速机构来驱动轿门的开启或关闭，由装在轿门上的门刀插入层门自动门锁滚轮内将厅门打开，厅、轿门同步动作。

2. 电梯开关门控制电路

交流双速客货两用电梯的开关门控制电路图如图6－14所示。

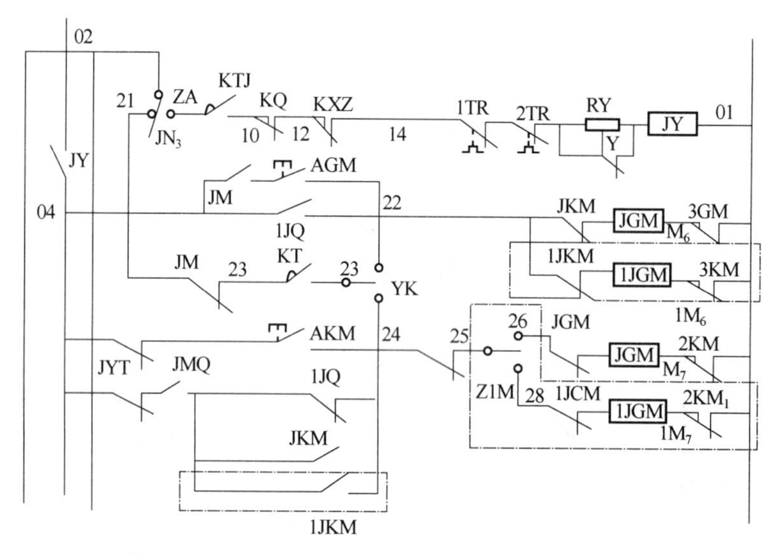

图6－14　交流双速客货两用电梯开关门控制电路图

1）起动与停站时的自动开关门

当电梯轿内指令登记后，按向上按钮AYS，向上方向继电器JFS吸合，使起动关门继电器1JQ吸合，随之关门继电器JGM吸合，门关闭。

电梯换速减速到隔磁板插入开门区域永磁继电器YMQ时，开门控制继电器吸合，为到站开门做准备。当电梯平层结束停梯后，由于运行继电器JYT与起动关门继电器1JQ释放，使JKM吸合，门自动打开。

2）上下班时的开关门

当轿厢停于基站时，轿厢内的电源开关ZA关闭，基站开关门限位开关KT闭合，接通基站门开关电路。上班后，司机用钥匙转动基站厅门口设的召唤箱上的电源锁（YK）开关，使23号与24号线接通，JKM吸合，门立即打开。

下班时，电梯返回基站，压合基站开关门限位开关KT。这时司机关断轿内ZA电源开关和照明风扇开关后，走出轿厢，将钥匙插入基站电源锁开关YK内转动，使电源23号与22号线接通，关门继电器JGM吸合，电梯门关闭。

四、电梯的检修运行电路

交流双速电梯检修电路图如图 6－15 所示。

各类电梯均设有检修电路，由装在轿厢内与轿顶操作箱上的检修开关来控制，这些开关只能点动，上、下按钮互锁。检修开关控制检修继电器，切断内指令与厅召唤、平层换速及快速运行回路，有的电梯还切断厅外指层回路电源或使其显示闪动。

检修电路工作过程：如图 6－15（b）所示，合上检修开关 JXK，检修继电器 JXJ 吸合，JXJ_1接通检修电源。轿内运行时，轿顶开关置于 1 端，按上、下按钮，点动使电梯慢速上、下运行。当轿顶操作时，轿顶开关置于 3 端，切断轿内慢车按钮电源，实现轿顶优先。在轿顶点动使电梯慢速上、下检修运行。运行电路中串接的 MSJ_1为门锁继电器触点，是为了限制检修时开门运行。若检修时需要开门走车，可按下应急按钮 MA，使 MSJ 吸合，就可以开门走车了。

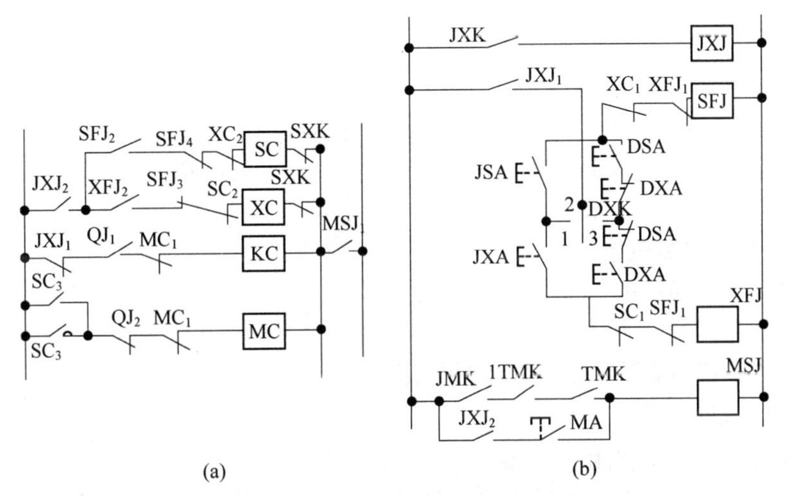

图 6－15　交流双速电梯检修电路图

（a）检修时慢车运行电路；（b）检修时的方向选择电路

五、电梯的消防运行电路

电梯消防电路图如图 6－16 所示。

1. 对消防电路的要求

电梯在消防状态下有两种运行状态：

1）消防返基站功能

（1）消除内指令与厅召唤。

（2）断开门回路，使门关闭。

（3）电梯上行时，最近停靠不开门，立即返基站。

（4）下行时直返基站。

（5）正开门中的电梯立即关门，返基站。

（6）电梯若正好停在基站关门待命，应立即开门进入消防专用状态。

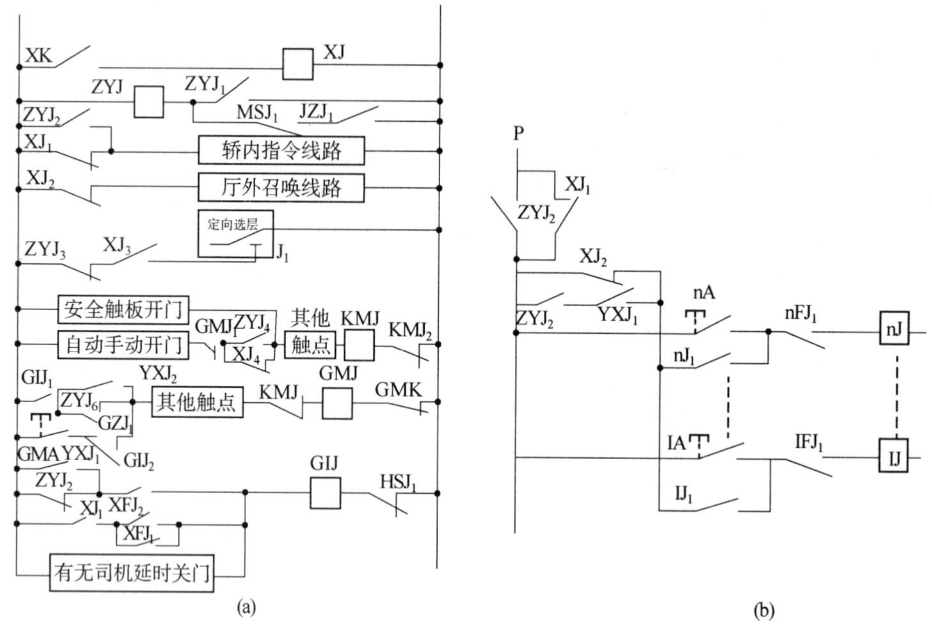

图 6-16　电梯消防电路原理图

（a）消防运行电路原理图；（b）轿内指令一次有效电路原理图

2）消防员专用状态功能

（1）厅外召唤不起作用。

（2）开门待命。

（3）轿内指令按钮有效，供消防人员使用。

（4）关门按钮点动操作。

（5）消除自动返基站功能。

（6）轿内指令一次有效，包括选层、关门按钮指令，直流梯原动机不关闭。

2. 消防运行电路

消防运行电路原理图如图 6-16（a）所示，图中 XJ 为消防运行继电器、ZYJ 为消防专用继电器。在消防状态下，合上 XK 消防开关，XJ 吸合，XJ_1、XJ_2分别断开内、厅指令电路，XJ_3接通定向选层自动返基电路；XJ_4使自动手动开门无效（安全触板有效）；XJ_5使关门指令继电器 GLJ 吸合，GMJ 吸合强行关门。

在消防返基站过程中，由于内、外指令皆无效，上行中电梯处于无方向换速状态，便就近停靠，此时的手（自）动开门均不起作用，电梯在 XJ_3返基站信号作用下返基站。当电梯返基站后，基站继电器 JZJ 吸合，门打开；MSJ 释放，消防员专用继电器 ZYJ 吸合自锁；ZYJ_2恢复轿内指令；ZYJ_3断开返基站电路；ZYJ_4恢复手（自）动开门功能；ZYJ_5使自动关门不起作用，只能点动关门。当电梯运行后 GLJ 吸合，运行继电器 YXJ 吸合使 GMJ 保持在关门状态。

图 6-16（b）为轿内指令一次有效电路原理图，此电路供消防员专用。电梯停止时，运行继电器 YXJ 释放，YXJ_3使轿内指令断路。当电梯运行后，YXJ 吸合，轿内指令才有自锁，消防人员按按钮开关 nA 不能松手直待电梯起动，如果在电梯运行中选了层，无论多少信号，当电梯停下后，由于 YXJ_3的释放而使所有内指令全部消除。

3. 电梯的安全保护装置

电梯的安全保护装置大都由机械、电气和机电一体安全装置组成，电梯的安全保护方式有多种，其中最主要的一种就是当电梯某一部位或某一部件有故障引起监视元件——电气开关动作时，切断电梯电源或控制电路，从而使电梯停止运行。图 6 – 17 为交流双速 PLC 控制电梯的安全保护电路原理图，其中 JTK 为轿内急停开关，DTK 为轿顶急停开关，ACK 为安全窗开关，AQK 为安全钳开关，KTK 为底坑急停开关，DSK 为断绳开关，KRK 为快车热继电器，MRK 为慢车热继电器，XSJ 为相位继电器，YJ 为安全保护继电器。

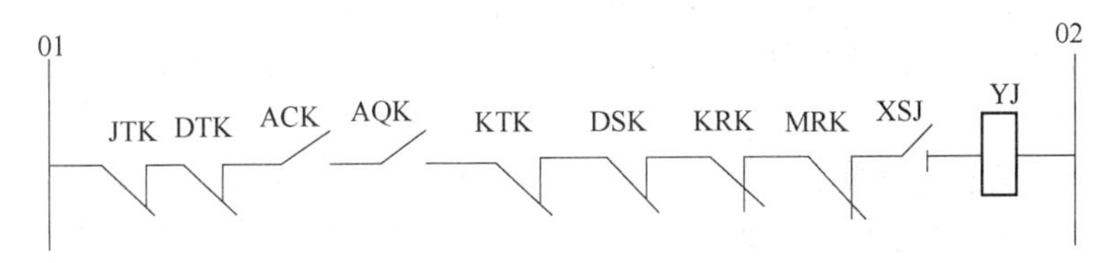

图 6 – 17　交流双速 PC 控制电梯的安全保护电路原理图

任务三　一体化电梯控制系统介绍

电梯作为高层建筑中非常重要的升降工具以及运输设备，在人们的生活以及社会生产中的作用越来越突出。据统计，我国目前的电梯数量已经超过百万台。所以，电梯一体化控制系统的应用，在很大程度上给电梯的安全运行以及稳定运行提供了重要保障。为了进一步提高电梯的安全运行，本任务结合与电梯检修相关的研究资料，对电梯一体化控制系统进行介绍。

一、电梯一体化控制系统概念

电梯一体化控制系统是电梯的变频驱动控制以及逻辑控制的有机结合与高度集成，它把电梯微机控制板的所有功能都集成到变频器控制功能当中，然后在这个基础上，充分优化变频器的驱动功能。

电梯一体化控制系统主要由层站召唤、楼层显示以及主控制器等组成。其中，主控制器的功能是由电梯驱动控制与逻辑控制集成，主要用来接收和处理减速、平层等井道信息以及其他外部信号。

总的来说，电梯一体化控制系统实现了驱动与控制一体化，不仅大大提高了电梯运行的可靠性及稳定性，而且在建筑中占有的面积也逐渐减小，给电梯控制开创了新的局面。

根据思路的不同，一体化分为结构一体化和功能一体化两类。

1. 结构一体化

当前市场上主要的一体化控制器，是把以往的电梯控制主板和变频器的驱动部分结合到一块控制板上，其功能特点如下：

（1）采用结构一体化的电梯控制系统，省去了控制板与变频器接口的信号线，方便使用的同时，又减少了故障点。控制板与变频器之间的信息交换不再局限于几条线，可以实时进行大量的信息交换。

（2）直接停靠，每次运行节省 3 ~ 4 s 的爬行时间，能使乘客乘坐更舒适，减少乘客焦躁的心理。一些控制板也通过模拟量的方式做了直接停靠，但容易受到干扰。一体化的结构通过芯片之间的数据交换代替模拟量，解决了这个问题。

（3）传统的控制板加变频器的结构，对曲线的数目作了约束，固定的速度段对层高不能够灵活充分利用，而一体化控制不对曲线的数目进行限制，可自动生成无数条曲线，将电梯运行的效率提高到极致。

（4）基于大量信息的交换，一体化可以更准确地判断电梯的状况，并迅速地进行调整，且对电梯故障的判断更加准确，处理更加灵活。例如，直接停靠、高平层精度的实现。

2. 功能一体化

功能一体化是指将电梯看作一个整体，不分逻辑控制和驱动控制，不要求控制板和驱动板结合在一起。

由于变频器输出的波形中含有大量的谐波成分，其中高次谐波会使变频器输出电流增大，造成电机绕组发热，产生振动和噪声，加速绝缘老化。同时，各种频率的谐波会向空间发射不同频率的无线电干扰，还可能导致其他设备误动作。但是由于实际现场确实需要将变频驱动和主机进行远距离控制，这就需要调整变频器的载波频率或增加交流电抗器来减少谐波及干扰，从而导致现场的调试难度和控制系统成本的增加。

功能一体化在功能上能够达到现有一体机的效果，在结构上可以将控制板和驱动板分为两块，而且控制板和驱动板分开的距离可以达到 50 m 以上。控制系统在功能上完全具备现有一体化控制系统的功能，并且可以在一些特殊的场合应用。

二、一体化控制系统与传统控制器的比较

1. 先进性方面

一体化控制系统省去了控制板与变频器接口的信号线，减少了故障点，其控制板与变频器之间的信息交换不再局限于几条线，而是可以实时进行大量的信息交换。一体化的结构通过芯片可自动生成 n 条曲线，再加上直接停靠的效果，将电梯运行的效率提高到了极致。每次运行可节省 3 ~ 4 s 的爬行时间，且使乘客乘坐更舒适，减少其因等待产生的焦躁心理。此外，基于信息的大量交换，一体化可以更准确判断电梯的状况，迅速进行调整。且对电梯故障的判断更加准确，处理更加灵活。

传统的控制板加变频器的结构，对曲线的数目作了约束，固定的速度段对层高不能够灵活充分利用。采用数字量多段速控制或者采用 0 ~ 10 V 的电压外接变频器模拟量端口。1.75 m/s 的电梯控制板加变频器配置时，一般有一个高速曲线 1.75 m/s、一个低速曲线 1 m/s。

多层运行 1.75 m/s ，单层跑 1 m/s，当楼层高度允许运行 1.7 m/s 的速度时，只能运行 1 m/s，而一体化则可以运行 1.7 m/s 。

2. 经济性方面

选用一体化控制器，仅须28芯随行电缆，还具有层站显示及召唤、轿顶控制板等配件的价格优势。

同步、异步驱动一体化，仅须通过修改控制参数即可实现（需外配不同的PG卡）。

微机板十通用变频器的模式导致控制柜成本较高，配件价格较高，同步、异步独立；同步机型比异步机型价格更高。PG卡需外配。

3. 实用性方面

调试简单，修改参数仅需一个操作器即可实现；可以在轿厢通过外接调试器修改控制柜内任意参数。

丰富的人机界面，调试简单体积小，节省机房空间

调试较为复杂。须对变频器参数、微机控制器参数配合调试，并且相互独立，无法统一调试。无法实现在轿厢修改控制柜任意参数、参数复杂众多。

三、国内主流一体化系统介绍

1. 默纳克

默纳克品牌属于深圳汇川技术股份有限公司旗下苏州默纳克控制技术有限公司，该品牌的一体化产品是专为电梯控制系统设计的。一体化控制技术适用的是永磁同步电梯主机，简单来说就是把电梯的变频器和控制主板集成到一起，节省电气元件和控制柜空间，成本下降，同时控制柜的操作和维护工作也相应变得简单。传统电梯控制系统的变频器和控制主板是分开的，因此需要更多的电线和电气元件整合其功能。同在深圳的美迪斯电梯有限公司，在其永磁同步客梯和货梯上使用了默纳克的一体化控制系统，已经取得了理想的试验结果。图6－18是默纳克电梯一体化控制器外观。

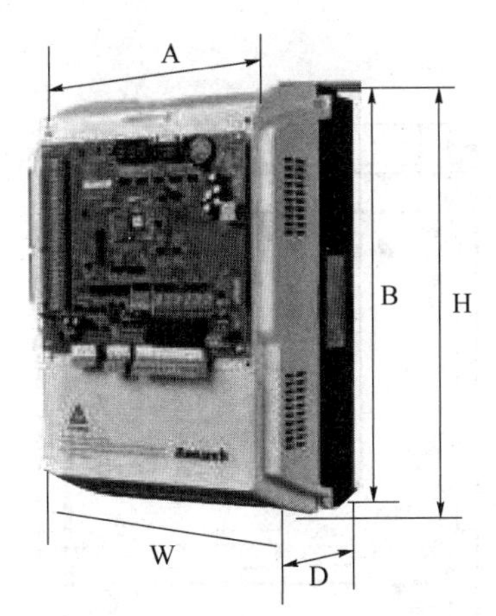

图6－18　默纳克电梯一体化控制器外观

下面以NICE3000^new^系列产品为例进行介绍。

NICE3000^new^系列电梯一体化控制器是苏州默纳克控制技术有限公司在NICE3000大量应用的基础上结合行业新趋势进行技术升级，自主研发、生产的新一代电梯一体化控制器。该

系列电梯一体化控制器采用高性能矢量控制技术，可驱动同步、异步曳引机（只需更改一个参数即可实现同步、异步控制的切换），支持开环低速运行，可进行两台电梯的直接并联/群控，支持 CANBUS、MODBUS 通信方式，减少随行电缆数量，能实现远程监控，最高应用楼层数达 40 层，广泛应用于各种住宅、办公楼、商场、医院等区域的乘客、载货电梯。

1）产品命名与铭牌信息

产品命名与铭牌信息如图 6－19 所示。

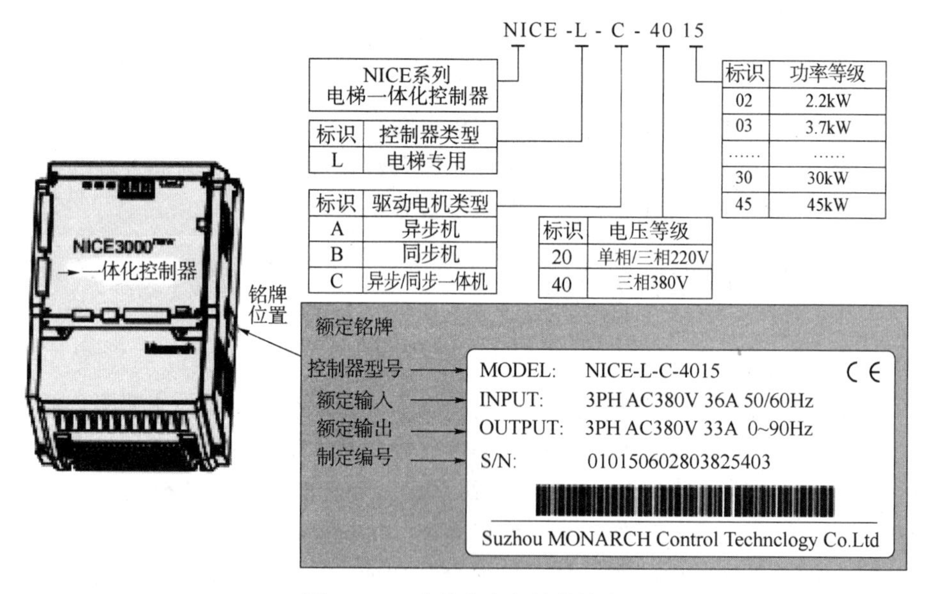

图 6－19　产品命名与铭牌信息

2）端子分布

端子分布如图 6－20 所示。

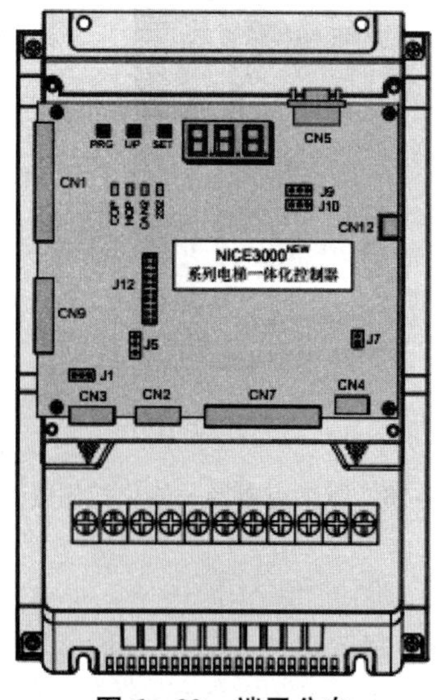

图 6－20　端子分布

（1）主回路端子分布、接线及定义。

主回路端子分布如图 6－21 所示，主回路端子接线应急如图 6－22 所示，主回路端子定义如表 6－1 所示。

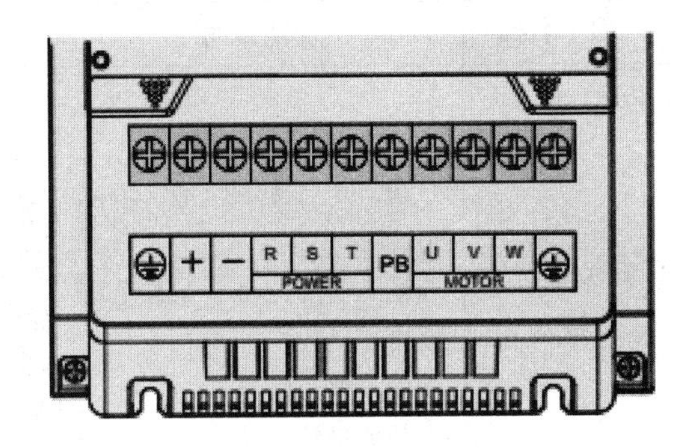

图 6－21　主回路端子分布图

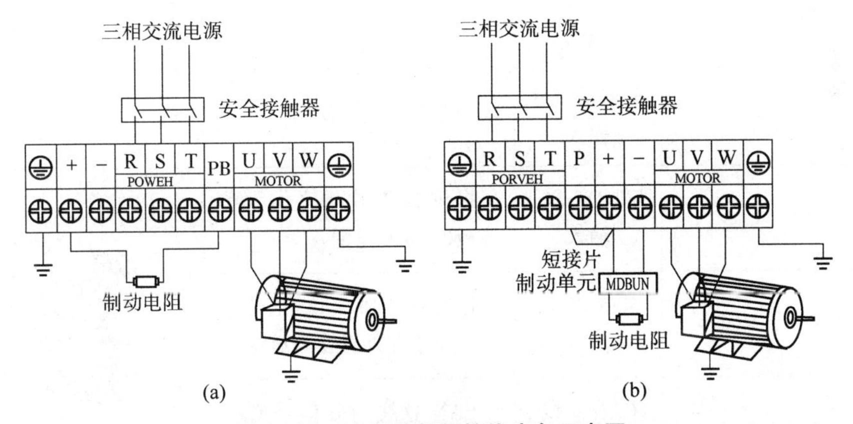

图 6－22　主回路端子接线应急示意图

（a）37 kW 以下机型主回路端子接线；（b）37 kW 及以上机型主回路端子接线

表 6－1　主回路端子定义

标号	名称	定　义
R、S、T	三相电源输入端子	交流三相电源输入端子
+、－	直流母线正负端子	37 kW 以下控制器制动电阻连接端子； 37 kW 及以上功率控制器直流电抗器连接端子 （控制器出厂时，+、P 端子自带短接片，若不外接直流电抗器，请勿拆除短接片）
+、PB（P）	制动电阻连接端子	37 kW 以下控制器制动电阻连接端子
U、V、W	控制器输出驱动端子	连接三相电动机
⏚	接地端子	接地端子

（2）控制回路部分端子功能说明。

控制回路部分端子功能说明如表 6 – 2 所示。

表 6 – 2　控制回路部分端子功能说明

标号	代码	端子名称	功能说明	端子排列
CN1	X1 ~ X16	开关量信号输入	输入电压范围：DC 10 ~ 30 输入阻抗：4.7 kΩ 光耦隔离 输入电流限定 5 mA 开关量输入端子， 其功能由 F5 – 01 ~ F5 – 24 设定	CN1：×1 ×2 ×3 ×4 ×5 ×6 ×7 ×8 ×9 ×10 ×11 ×12 ×13 ×14 ×15 ×16 CN9：×17 ×18 ×19 ×20 ×21 ×22 ×23 ×24 M Ai
CN9	X17 ~ X24	开关量信号输入		
	CN9	模拟量差分输入	模拟量称重装置使用	
CN3	24 V、COM	外部 DC 24 V 输入	提供 24 V 电源，作为整块板的 24 V 电源	CN3：24V COM MOD+ MOD– CAN+ CAN–
	MOD +、MOD –	485 差分信号	标准隔离 RS – 485 通信接口，用于厅外召唤与显示	
	CAN +、CAN –	CAN 总线差分信号	CAN 总线差分信号 CAN 通信接口，与轿顶板连接	
CN2	X25 ~ X27、XCM	强电检测端子	输入电压 AC 110 V ± 15%，AC 110 V ± 15% 安全、门锁反馈回路，对应功能由 F5 – 37 ~ F5 – 39 参数设定	CN2：×25 ×26 ×27 ×CM
CN7	Y1、M1 ~ Y6、M6	继电器输出	继电器常开点输出 AC 5 A/250 V 对应功能由 F5 – 26 ~ F5 – 31 设定	CN7：Y1 M1 Y2 M2 Y3 M3 Y4 M4 Y5 M5 Y6 M6

（3）主控制板指示灯说明。

主控制板指示灯说明如表 6－3 所示。

表 6－3　主控制板指示灯说明

标号	端子名称	功能说明
COP	CAN1 通信指示灯	主控板与轿顶板通信正常时闪亮（绿色）
HOP	MODBUS 通信指示灯	主控板与外召板通信正常时闪亮（绿色）
CAN2	群控通信指示灯	并联/群控通信上时常亮（绿色），并联/群控运行正常时闪亮
232	串口通信指示灯	连接上位机、小区/远程监控板，通信正常时点亮（绿色）
X1 ~ X24	输入信号指示灯	外围输入信号接通时点亮
Y1 ~ Y6	输出信号指示灯	系统有输出时对应指示灯点亮

2. 新时达

上海新时达电气股份有限公司创建于 1995 年，是国家重点支持的高新技术企业、全国创新型企业，拥有国家认定企业技术中心。

新时达的业务涉及机器人及运动控制、电梯控制及物联网、工业传动与节能等领域，其产品包括工业机器人、伺服驱动器、工业变频器、电梯控制系统、人机界面及专业线缆、物联网、新能源汽车控制器等。

下面以 AS380 系列产品进行介绍。

AS380B 系列电梯一体化驱动控制器是上海新时达电气股份有限公司专业设计的新一代电梯驱动控制集成装置，它具有安全可靠、功能齐全、调速性能好、操作简便等许多优点。

1）主回路端子定义

AS380B 系列电梯一体化驱动控制器主回路接线端子的排列如图 6－23 所示。

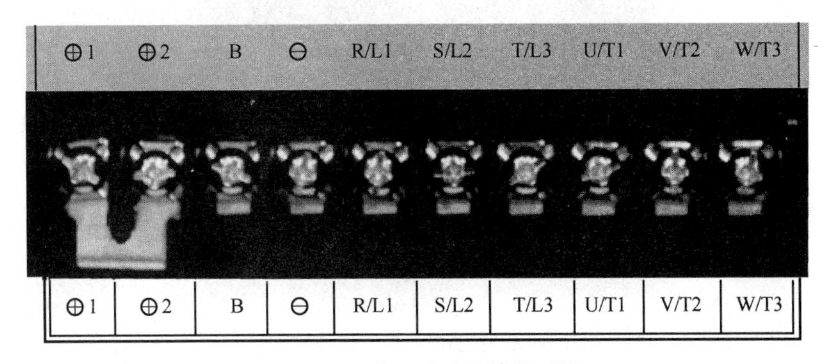

图 6－23　主回路端子的排列图

AS380B 系列电梯一体化驱动控制器主回路端子的功能说明如表 6－4 所示。

表 6－4　控制器主回路端子的功能说明

端子标号	端子功能说明
⊕1	7.5～22 kW 可外接直流电抗器，出厂已短接 22 kW 以上内置电抗器，无须外接
⊕2	
⊕1	外部制动电阻连接
B	
⊖	直流母线负输出端子
R/L1	主回路交流电源输入，连接三相输入电源
S/L2	
T/LE	
U/T1	变频器输出，连接三相同/异步电机
V/T2	
W/T3	

2）控制回路端子定义

AS380B 系列电梯一体化驱动控制器控制回路端子排列如图 6－24 所示。AS380B 系列电梯一体化驱动控制器控制回路部分端子的功能说明如表 6－5 所示。

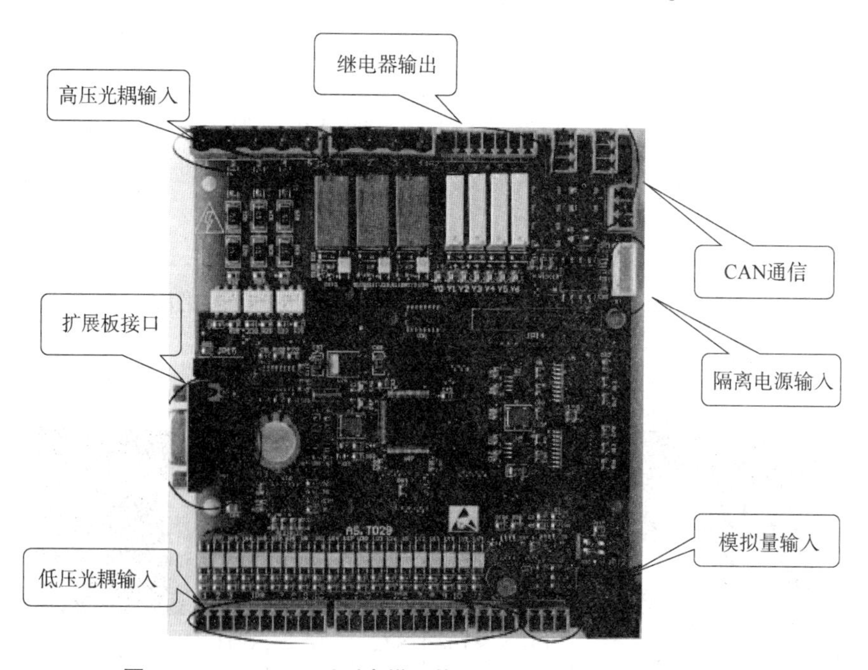

图 6－24　AS380B 系列电梯一体化驱动控制器控制回路端子

3. 蓝光

沈阳蓝光集团成立于 1989 年，是专业研发制造电梯控制系统和永磁同步无齿轮电梯曳引机系列产品的公司。

在公司发展壮大的过程中，先后开发研制了调压调速控制系统、32 位专用微机控制系统、全电脑通用微机控制系统、永磁同步无齿轮电梯曳引机、互联网无线远程监控系统、一体化变频控制系统等一系列电梯控制与驱动领域的产品，一直保持着在全国的技术领先地位。目前，沈阳蓝光已成为国内仅有的，拥有自主知识产权的电梯控制—驱动—曳引—监控一体化解决方案提供商。

表 6－5　AS380B 系列电梯一体化驱动控制器制回路部分端子的功能说明

序号	位置	名称	定义	类型
JP1	JP1. 2	XCOM	X20 ~ X22 输入信与公共端 0 V	—
	JP1. 2	X20	安全回路检测正电压端，110 V/220 V 输入	Input
	JP1. 3	X21	门锁回路检测正电压端，110 V/220 V 输入	Input
	JP1. 4	X22	厅门锁回路检测正电压端，110 V/220 V 输入	Input
	JP1. 5	XCOM	X20 ~ X22 输入信号公共端 0 V，内部与 JP1. 1 连通	—
JP2	JP2. 1	Y0	抱闸接触器输出	Output
	JP2. 2	Y1	抱闸强激接触器输出	Output
	JP2. 3	Y2	主接触器输出	Output
	JP2. 4	COM1	输出继电器 Y0 ~ Y3 的公共端	
JP3	JP3. 1	Y3	提前开门继电器	Output
	JP3. 2	Y4	停电应急平层完成信号输出	Output
	JP3. 3	COM2	输出地电气 Y3 ~ Y4 的公共端	—
	JP3. 4	Y5	消防信号输出	Output
	JP3. 5	COM3	输出继电器 Y5 公共点	—
	JP3. 6	Y6	预留，备用	Ouput
	JP3. 7	COM4	输出继电器 Y6 的公共端	—

基于电梯行业安全性、舒适性、可靠性的要求，驱动控制必须有良好的低频特性并满足电梯位能性负载的特点，要求电梯行业必须配备高性能、高可靠性的矢量型或转矩直接控制型的变频驱动装置。基于这样的理念，蓝光的专业技术人员在原有电梯控制系统的基础上，开发出了全新的蓝光一体化电梯控制系统。

下面以 IBL6－U 系列产品为例进行介绍。

IBL6－U 系列电梯一体化控制器是新一代智能型电梯一体化控制器，它将电梯智能逻辑控制和高性能变频调速驱动控制有机地整合为一体，具有技术先进、性能优异、安全可靠、使用简便、经济实惠等优点。

1）型号说明

IBL6－U 系列电梯一体化控制器的型号说明如图 6－25 所示（以 400 V 级、22 kW 为例）。

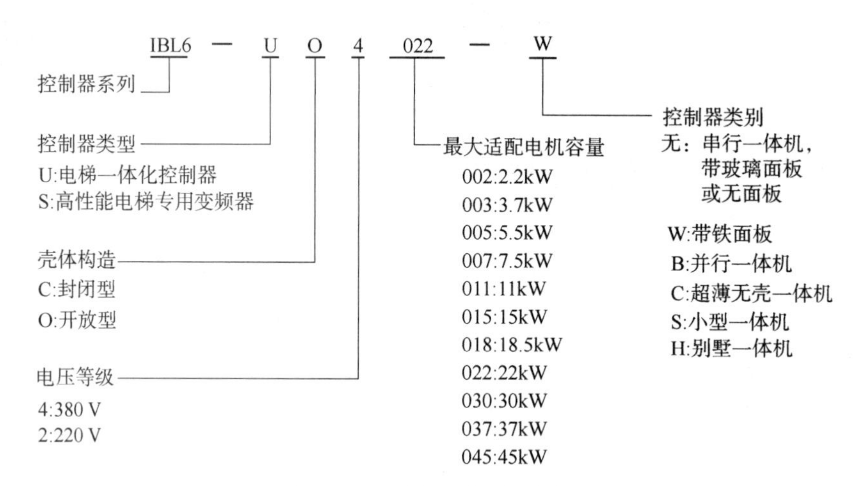

图 6－25　控制器型号说明

2）产品外观

IBL6－U 系列电梯一体化控制器分无面板和带铁面板两种。区别于 BL3 系统，IBL6－U 只有壁挂安装方式如图 6－26 所示。

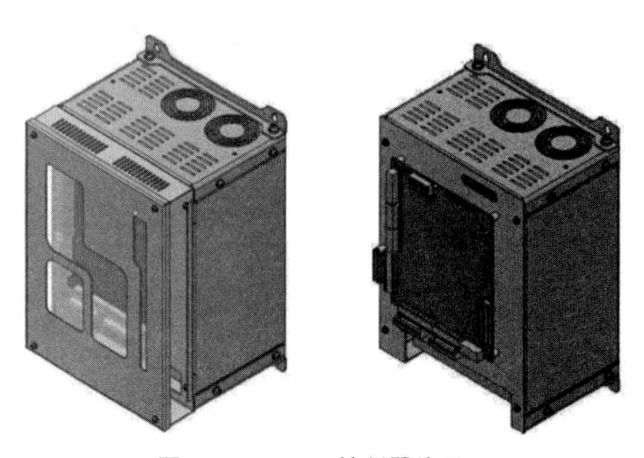

图 6－26　IBL6 控制器外观

产品目前所具有的功能及其说明如表 6－6 所示。

表 6－6　产品目前所具有的功能及其说明

编号	名称	用途	电梯动作说明	备注
1	自动运行		（1）到站自动开门； （2）自动延时关门； （3）手动提前关门（门开未到延时关门时间时）； （4）内选自动登记（防捣乱、误操作消除）； （5）外召顺向自动截车； （6）外召最高（或最低）反向自动截车	（1）将控制柜正常/检修开关旋至正常位置； （2）将轿厢内自动/司机开关置于自动位置； （3）其他两个正常/检修开关位于正常位置时

续表

编号	名称	用途	电梯动作说明	备注
2	司机运行		（1）到站自动开门； （2）手动关门； （3）内选自动登记（防捣乱、误操作消除）； （4）外召自动顺向截车	（1）将控制柜正常/检修开关旋至正常位置； （2）将轿厢内自动/司机开关置于司机位置； （3）其他两个正常/检修开关位于正常位置时
3	检修运行	系统调试、维护、检修时使用	将系统设置为检修状态后，按慢上或慢下按钮，电梯会以检修速度向上或向下运行，松开按钮后停止	正常/检修开关分别设在轿顶、轿内、控制柜，优先级由高至低
4	上电自动开门	自动开门	正常状态下，每次电梯控制系统通电后，如果轿厢处在门区，则轿门自动打开	

项目七 自动扶梯与自动人行道电气控制系统

本项目主要介绍自动扶梯与自动人行道的电气部件构成，了解其正确的安装位置，分析典型控制回路，熟悉布线工艺。常见自动扶梯与自动人行道如图 7－1 及图 7－2 所示。

图 7－1　常见自动扶梯

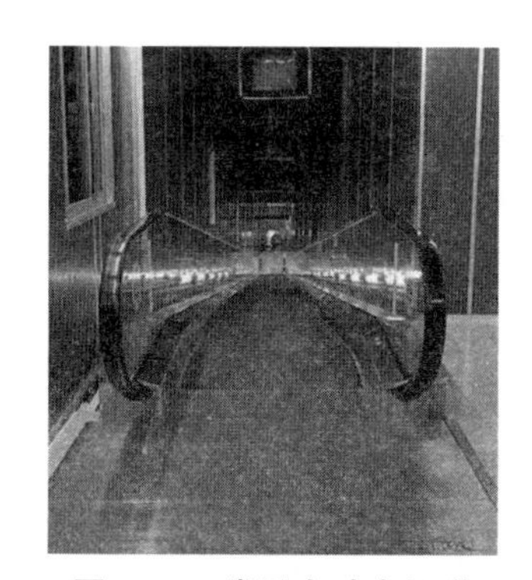

图 7－2　常见自动人行道

任务一　自动扶梯与自动人行道电气部件

自动扶梯与自动人行道电气部件如图 7－3 所示。

1. 控制柜

控制柜相当于自动扶梯与自动人行道的大脑，所有的控制信号和驱动信号都由此发出并向此反馈，如图 7－4 所示。

图7－3　自动扶梯与自动人行道电气部件外观

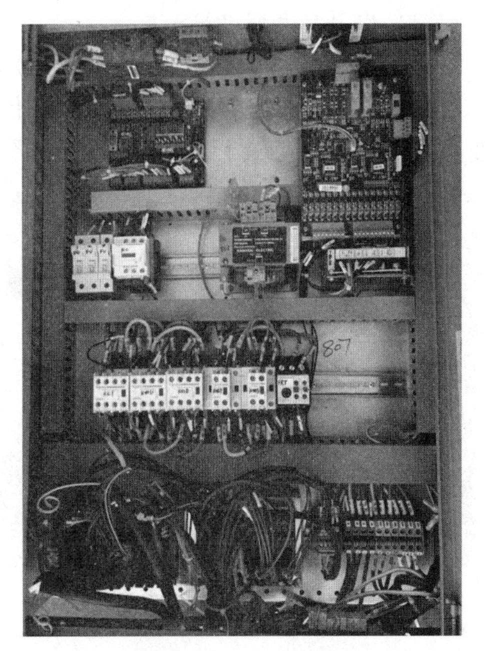
图7－4　自动扶梯与自动人行道控制柜

2. 曳引机

自动扶梯与自动人行道采用的是三相异步电动机作曳引机，如图7－5所示。

3. 制动器

自动扶梯与自动人行道设置有一个工作制动器，该制动器给自动扶梯与自动人行道提供了一个接近匀减速的制停过程，并使其停机后保持静止状态，如图7－6所示。

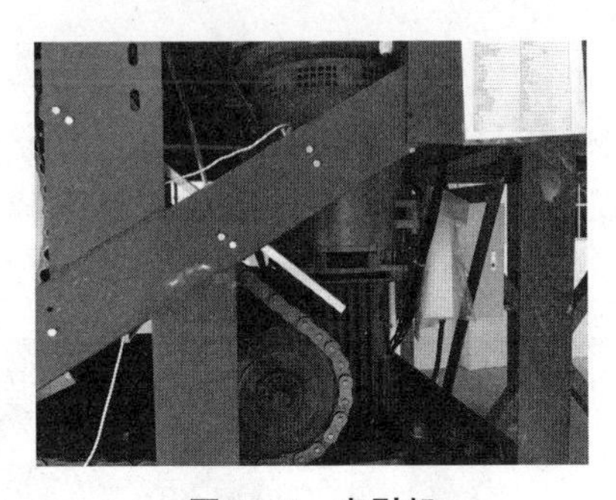
图7－5　曳引机

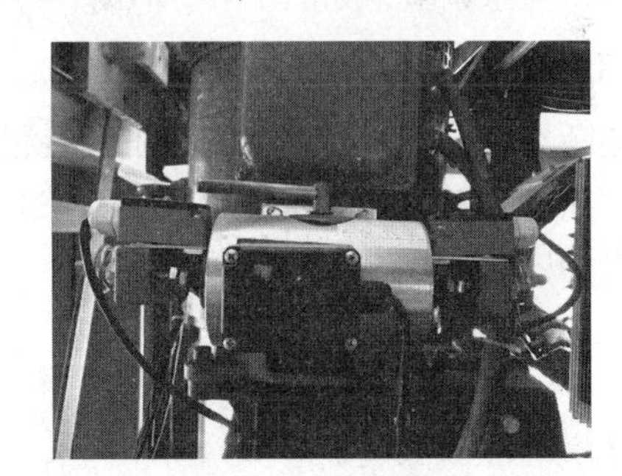
图7－6　制动器

在下列任何一种情况下，自动扶梯或倾斜式自动人行道应安装一只或多只机械式附加制动器，附加制动器直接作用于梯级、踏板或胶带驱动系统的非摩擦元件上（单根链条不能认为是一个非摩擦元件）。

（1）工作制动器和梯级、踏板或胶带驱动轮之间不是用轴、齿轮、多排链条、两根或两根以上的单根链条连接的。

（2）工作制动器不是机－电式制动器。

（3）提升高度超过 6 m。

（4）附加制动器应为机械式的（利用摩擦原理）。

附加制动器安装在驱动主轴上，在传动链断裂、超速及非操纵改变规定运行方向时动作，使自动扶梯或人行道停止运行，如图 7－7 及图 7－8 所示。

图 7－7　附加制动器

图 7－8　附加制动器

4. 主机测速传感器

自动扶梯或自动人行道应安装速度限制装置，使其在速度超过额定速度 1.2 倍之前自动停车，同时切断自动扶梯或自动人行道的电源（交流电动机与梯级、踏板或胶带间的驱动是非摩擦性的连接，并且转差率不超过 10% 的除外）。

对离心式速度限制装置，控制器组件上的弹簧加载柱塞因离心力而向外移动，当速度超过整定值时，弹簧加载的柱塞将使装在控制器附近的开关跳闸，在出厂前已经调好开关，安装过程中不得随意调节，如图 7－9 所示。

5. 曳引链断裂开关

曳引链断裂开关安装在下端机房张紧装置两侧，安全开关检测触点安装在调整螺杆两个固定螺母之间，其间隙维持在 2 mm 为宜，过大或过小均会造成安全开关灵敏度降低或经常性误动作，如图 7－10 所示。

图 7－9　主机测速传感器

图 7－10　曳引链断裂开关

6. 梳齿开关

在梯级经过梳齿板时，为防止有异物夹在梯级踏板和梳齿之间而造成人员受伤或设备损坏应设置梳齿板开关。

梳齿板的 3 种形式：沿水平方向可移动；沿垂直方向可移动；两种方向都可移动，如图 7－11 所示。

7. 扶手带入口开关

一部扶梯有 4 个扶手带入口开关，分别装设在扶手带由外部进入扶梯桁架内部时的入口处，用于防止异物随扶手带进入护口造成人员受伤或者设备损坏，如图 7－12 所示。

扶手带入口装置有跌落式和遮板式。

图 7－11　梳齿开关

图 7－12　扶手带入口开关

8. 梯级（踏板）驱动链断链保护开关

在下机房设置有左右两个开关用来检测梯级（踏板）驱动链的张紧情况，并串入安全回路。在工作梯级和返回梯级之间，安装一根可转动的轴，固定在桁架上，转轴中部装有检测杆。梯级（踏板）驱动链条张紧移动超过 ±20 mm 之前，自动扶梯（自动人行道）自动停止运行，如图 7－13 所示。

9. 裙板开关

因扶梯的梯级与裙板之间有不大于 4 mm 的间隙，当该间隙被异物侵入而导致裙板发生变形时，裙板内侧将推动裙板开关动作，切断控制电路。一部扶梯共安装 4 只裙板开关，分别安装在扶梯的上端和下端曲线段的两侧，如图 7－14 所示。

图 7－13　梯级（踏板）驱动链断链保护开关

图 7－14　裙板开关

10. 机房板开关

机房板开关安装在扶梯上下端部机房板下方，当打开机房盖板时，该开关应切断钥匙开关控制回路。此时，用钥匙开关不能起动扶梯，只能用检修开关操纵扶梯运行，其目的是保证维修人员安全，如图 7 – 15 所示。

11. 停止按钮

停止按钮与钥匙开关并列安装在裙板端部，一台扶梯有 2 只停止按钮，分别安装在扶梯下端右侧和上端左侧。当扶梯提升高度较高时，可在梯路中部外盖板上再加装 1 ~ 2 只停止按钮。停止按钮的常闭触点串联在安全继电器回路中，如图 7 – 16 所示。

图 7 – 15　机房板开关

图 7 – 16　停止按钮

12. 扶手带速度监控装置

通过接近开关检测扶手驱动轮运转的频率，若检测到的频率低于额定频率的 85%，且持续时间超过 5 s，ECB 板会发出信号停止扶梯运行，但控制柜需手动复位。

传感器检测面与金属片距离为 1 mm，一般情况下，工地须检查安装位置是否准确，如图 7 – 17 所示。

图 7 – 17　扶手带速度监控装置

13. 梯级或踏板的缺失保护装置

自动扶梯和自动人行道应当能够通过装设在驱动站和转向站的梯级或踏板缺失保护装置检测梯级或踏板的缺失，并应在缺口（由梯级或踏板缺失而导致的）从梳齿板位置出现之前停止自动扶梯和自动人行道的运行。该装置动作后，只有通过手动复位故障锁定，并操作开关或者检修控制装置才能重新起动自动扶梯和自动人行道，即使电源发生故障或者恢复供电，此故障锁定应当始终保持有效，如图 7－18 所示。

图 7－18　梯级或踏板的缺失保护装置

14. 检修盖板和上下盖板开启保护装置

检修盖板和上下盖板应当配备一个监控装置，当打开桁架区域的检修盖板和（或）移去或打开楼层板时，驱动主机应当不能起动或者立即停止，如图 7－19 所示。

图 7－19　检修盖板和上下盖板开启保护装置

15. 自动起动、停止

1）待机运行

采用待机运行（自动起动或加速）的自动扶梯或自动人行道，当乘客到达梳齿和踏面时会自动起动。

2）运行时间

采用自动起动的自动扶梯或自动人行道，当乘客从预定运行方向相反的方向进入时，自动扶梯或自动人行道仍应按照预先确定的方向起动，运行时间应当不少于 10 s。

当乘客通过后，自动扶梯或自动人行道应当断续运行足够的时间（至少为预期乘客输送时间再加上 10 s）才能自动停止。

16. 检修控制装置

1）检修控制装置的设置

检修控制装置如图7－20所示，该装置的设置应满足如下条件。

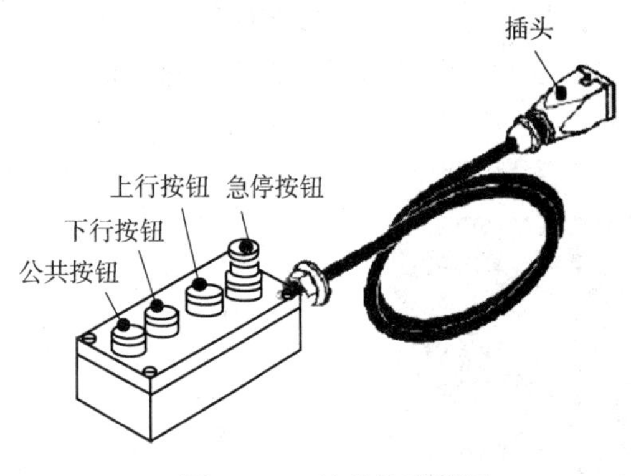

图7－20　检修控制装置

（1）在驱动站和转向站内至少应当提供一个用于便携式控制装置连接的检修插座，检修插座的设置应能使检修控制装置到达自动扶梯或自动人行道的任何位置。

（2）每个检修控制装置应当配置一个停止开关，停止开关应满足：

①手动操作；

②有清晰的位置标记；

③符合安全触点要求的安全开关；

④需要手动复位。

（3）检修控制装置上应当有明显识别运行方向的标识。

2）检修控制装置的操作

检修控制装置的操作应满足如下条件。

（1）控制装置的操作元件应能防止发生意外动作，扶梯或人行道运行应当依靠持续操作。

（2）当使用检修控制装置时，其他所有起动开关都应失效。

（3）当连接一个以上的检修控制装置时，所有检修控制装置都应失效。

（4）检修运行时，电气安全装置（除了梯级下陷保护，梯级缺失保护，扶手带速度偏离保护，多台连续无中间出口的停止保护，检修盖板和上下盖板监控和制动器松闸故障保护以外）应当有效。

任务二　自动扶梯与自动人行道电控典型环节（以康力电梯为例）

认清图中电气符号，根据原理图查找电源电路的故障。

1. 控制、照明电源回路（图7－21）

2. 控制回路

1）主板输入（图7－22）

2）主板输出（图7－23）

3. 主回路

1）单星三角（图7－24）

2）双星三角（图7－25）

4. 安全回路（图7－26）

5. 故障采集回路

1）上部故障采集回路（图7－27）

2）下部故障采集回路（图7－28）

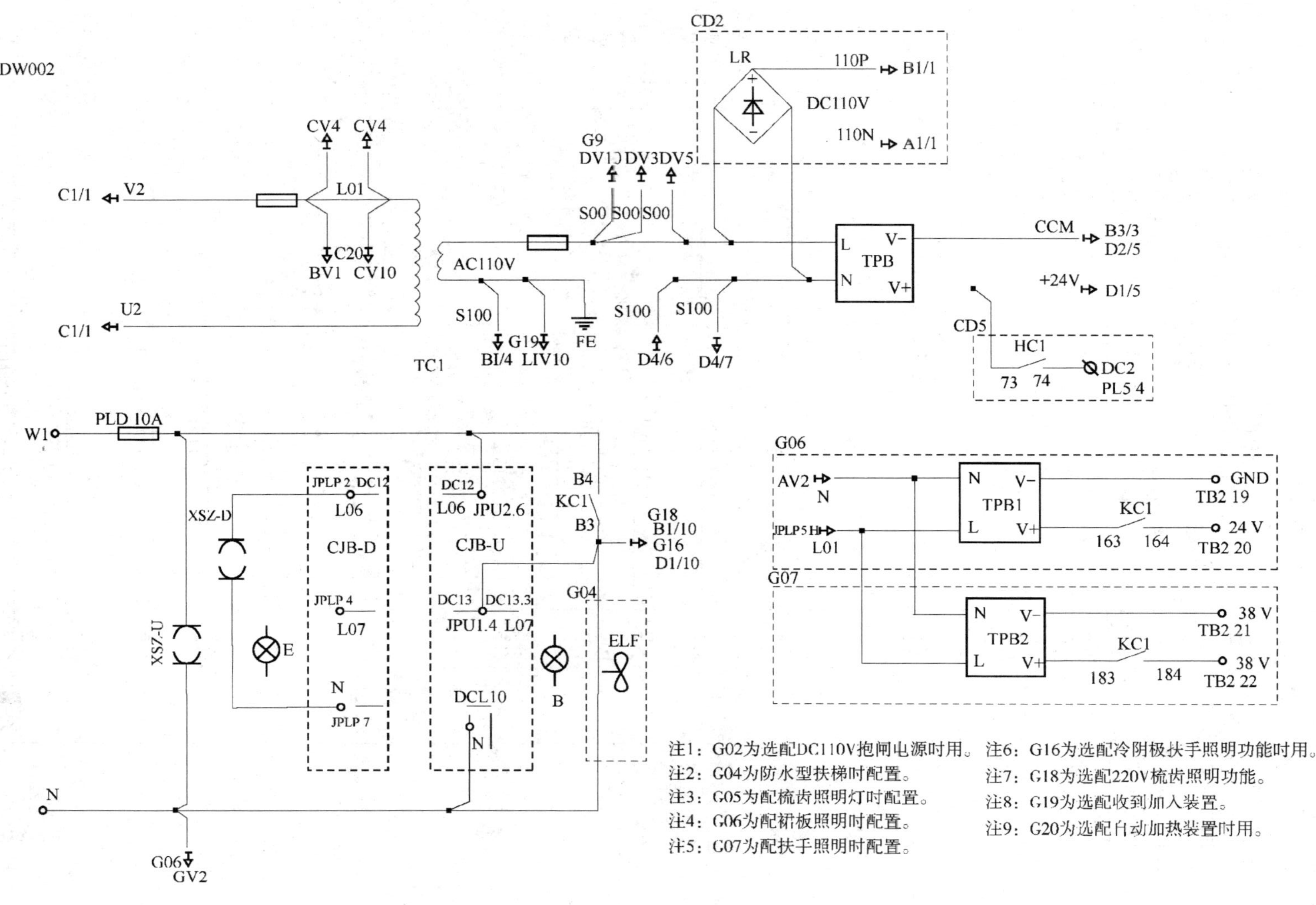

注1：G02为选配DC110V抱闸电源时用。

注2：G04为防水型扶梯时配置。

注3：G05为配梳齿照明灯时配置。

注4：G06为配裙板照明时配置。

注5：G07为配扶手照明时配置。

注6：G16为选配冷阴极扶手照明功能时用。

注7：G18为选配220V梳齿照明功能。

注8：G19为选配收到加入装置。

注9：G20为选配自动加热装置时用。

图 7－21　控制、照明电源回路

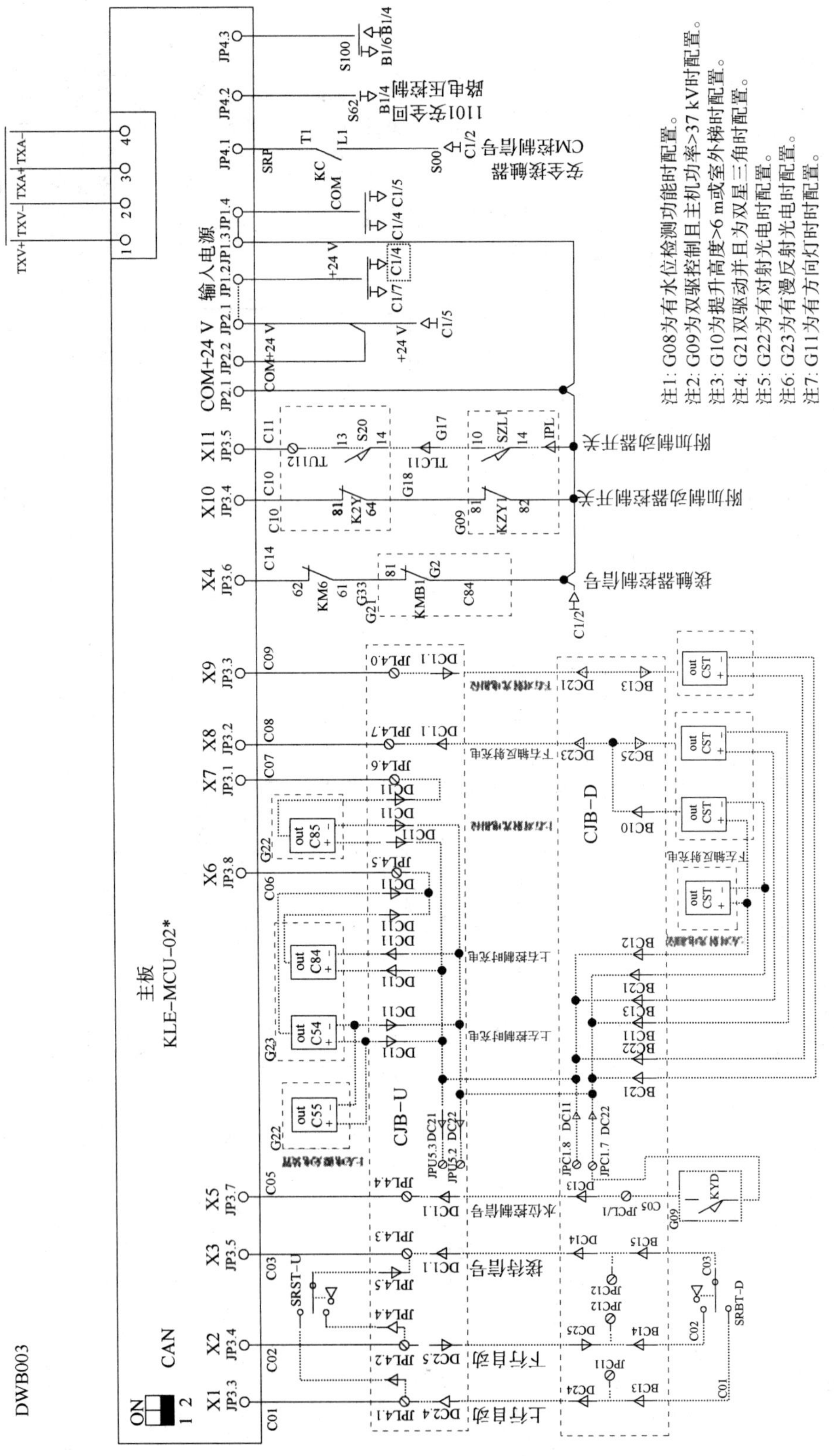
主板
KLE-MCU-02*
DWB003
CAN
输入电源
COM+24 V
附加制动器开关
附加制动器控制开关
接触器控制信号
安全接触器
CM控制信号
1101安全回路电压控制
上行自动
下行自动
检修信号
水位控制信号
CJB-U
CJB-D
注1: G08为有水位检测功能时配置。
注2: G09为双驱控制且主机功率>37 kV时配置。
注3: G10为提升高度>6 m或室外梯时配置。
注4: G21双驱动并且为双星三角时配置。
注5: G22为有对射光电时配置。
注6: G23为有漫反射光电时配置。
注7: G11为有方向灯时配置。

图 7-22 主板输入

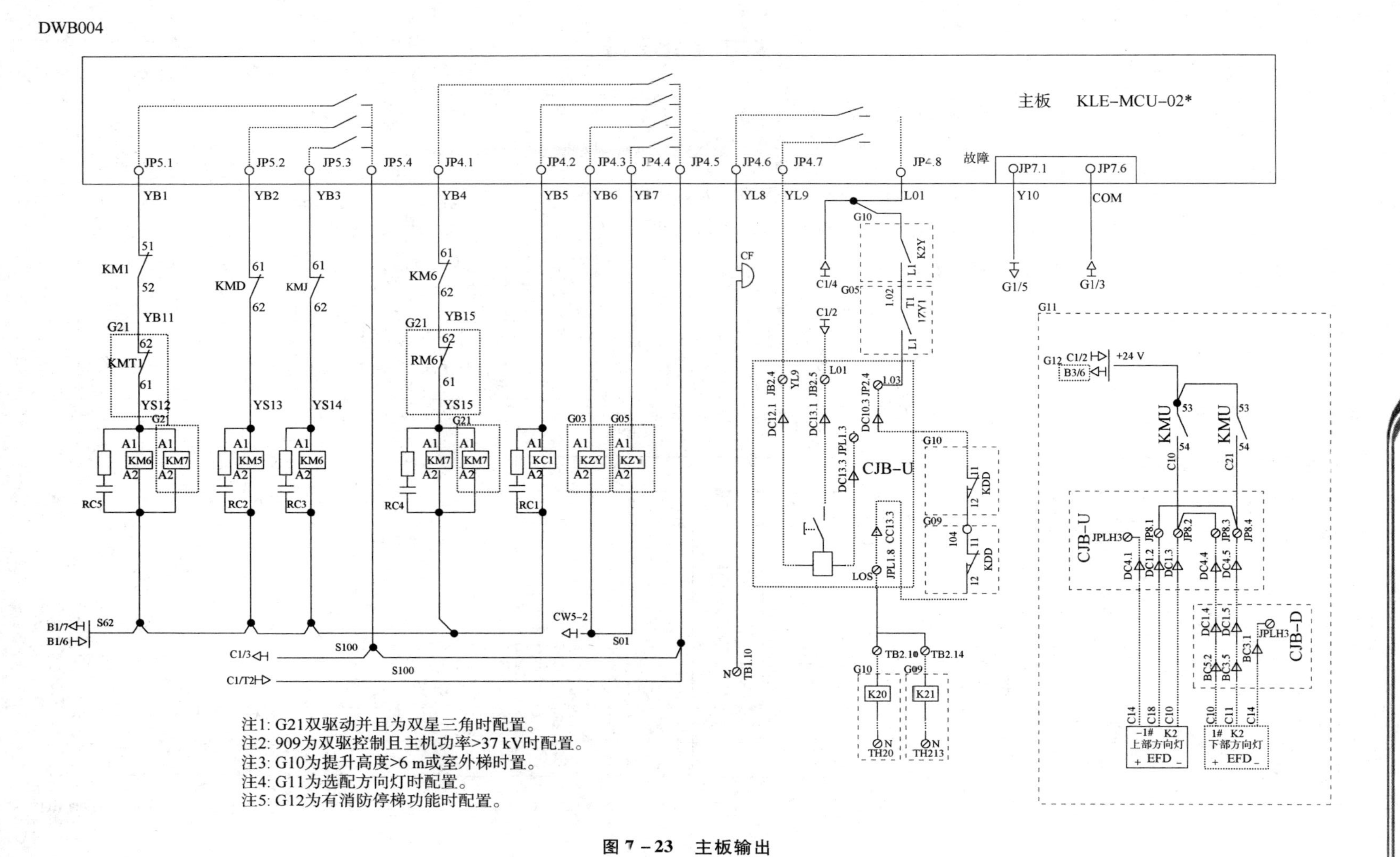

注1：G21双驱动并且为双星三角时配置。
注2：909为双驱控制且主机功率>37 kV时配置。
注3：G10为提升高度>6 m或室外梯时置。
注4：G11为选配方向灯时配置。
注5：G12为有消防停梯功能时配置。

图 7－23　主板输出

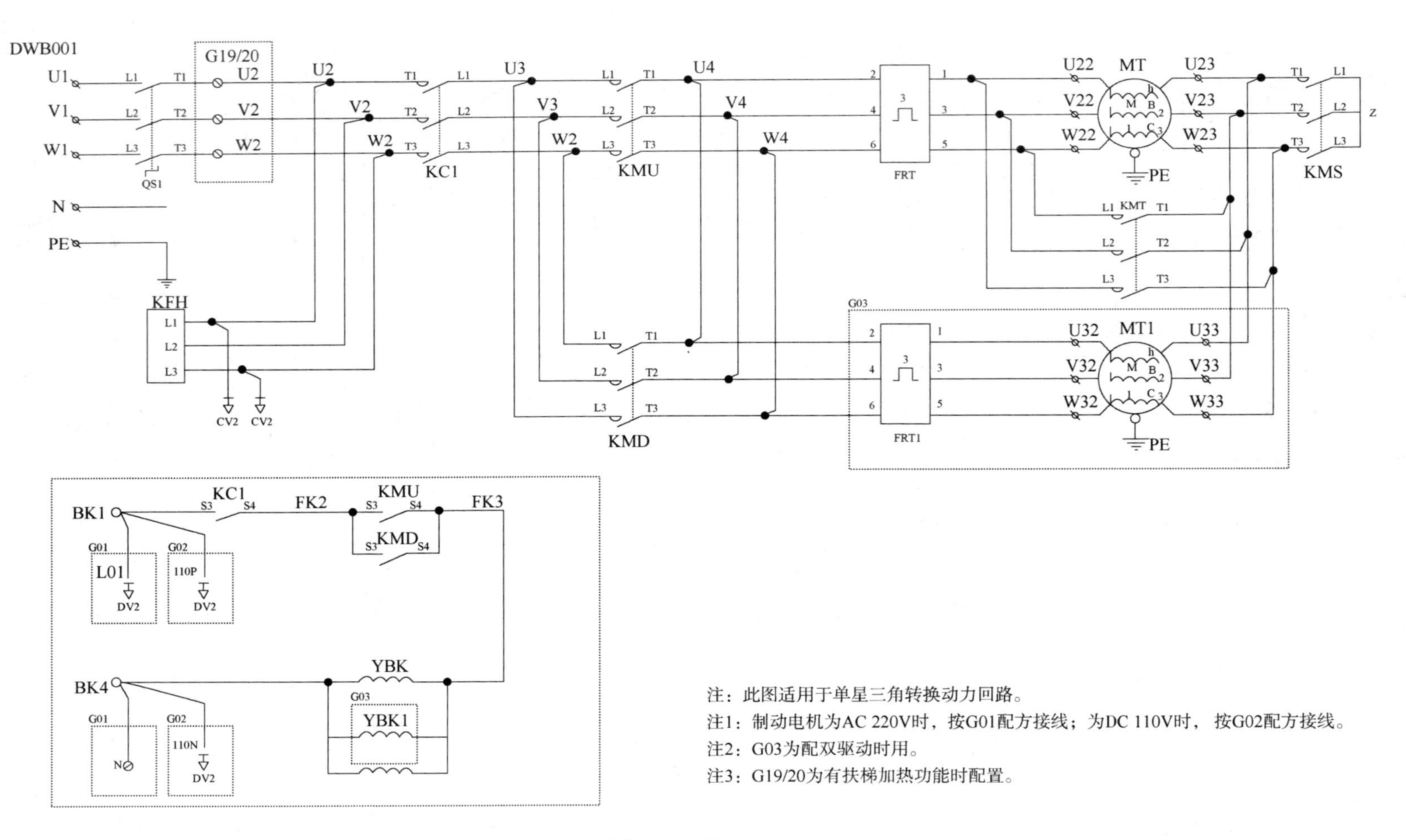
DWB001
U1
V1
W1
N
PE
QS1
G19/20
U2
V2
W2
KFH
CV2
KC1
U3
V3
KMU
U4
V4
W4
KMD
FRT
FRT1
G03
MT
MT1
U22
V22
W22
U23
V23
W23
U32
V32
W32
U33
V33
W33
PE
KMT
KMS
BK1
BK4
G01
G02
L01
110P
110N
DV2
FK2
FK3
YBK
YBK1
注：此图适用于单星三角转换动力回路。
注1：制动电机为AC 220V时，按G01配方接线；为DC 110V时，按G02配方接线。
注2：G03为配双驱动时用。
注3：G19/20为有扶梯加热功能时配置。

图 7－24　单星三角

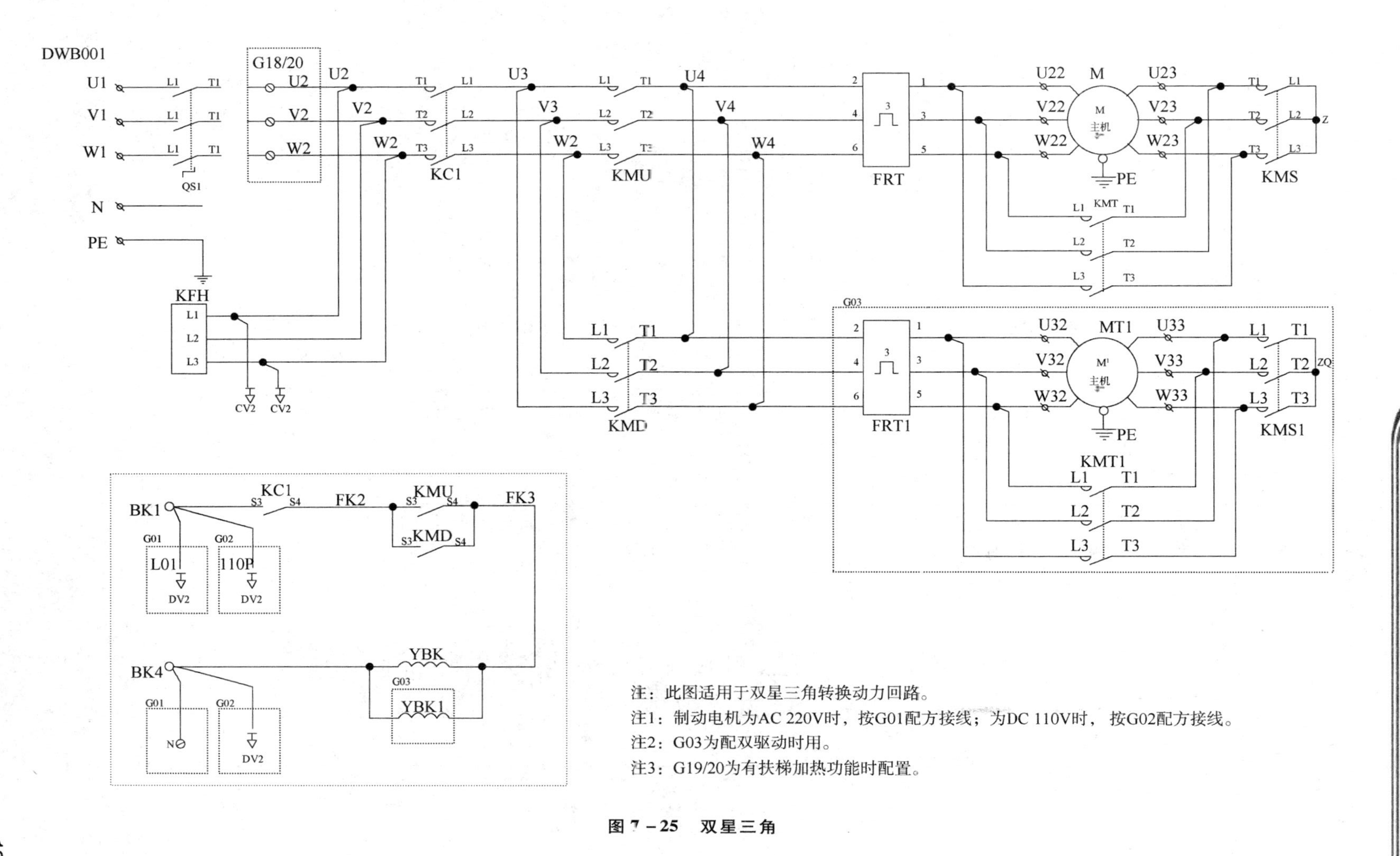

注：此图适用于双星三角转换动力回路。

注1：制动电机为AC 220V时，按G01配方接线；为DC 110V时，按G02配方接线。

注2：G03为配双驱动时用。

注3：G19/20为有扶梯加热功能时配置。

图 7－25　双星三角

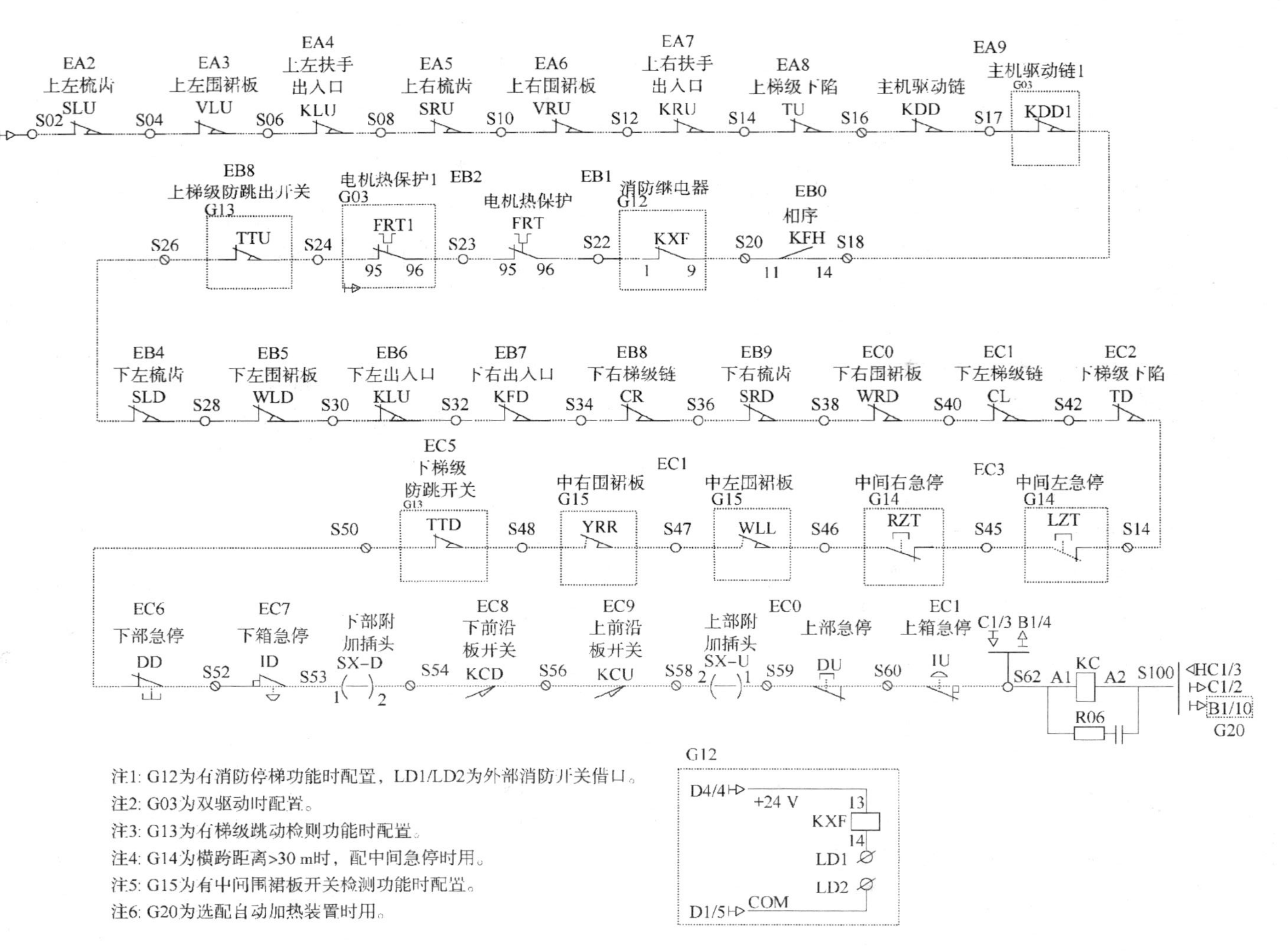

DWB006
EA2 上左梳齿 SLU
EA3 上左围裙板 VLU
EA4 上左扶手出入口 KLU
EA5 上右梳齿 SRU
EA6 上右围裙板 VRU
EA7 上右扶手出入口 KRU
EA8 上梯级下陷 TU
主机驱动链 KDD
EA9 主机驱动链1 G03 KDD1
DW5 S02 S04 S06 S08 S10 S12 S14 S16 S17
EB8 上梯级防跳出开关 G13 TTU
电机热保护1 G03 FRT1 95 96
EB2 电机热保护 FRT 95 96
EB1 消防继电器 G12 KXF 1 9
EB0 相序 KFH 11 14
S26 S24 S23 S22 S20 S18
EB4 下左梳齿 SLD
EB5 下左围裙板 WLD
EB6 下左出入口 KLU
EB7 下右出入口 KFD
EB8 下右梯级链 CR
EB9 下右梳齿 SRD
EC0 下右围裙板 WRD
EC1 下左梯级链 CL
EC2 下梯级下陷 TD
S28 S30 S32 S34 S36 S38 S40 S42
EC5 下梯级防跳开关 G13 TTD
EC1 中右围裙板 G15 YRR
中左围裙板 G15 WLL
中间右急停 G14 RZT
EC3 中间左急停 G14 LZT
S50 S48 S47 S46 S45 S14
EC6 下部急停 DD
EC7 下箱急停 ID
下部附加插头 SX-D 1 2
EC8 下前沿板开关 KCD
EC9 上前沿板开关 KCU
上部附加插头 SX-U 2 1
EC0 上部急停 DU
EC1 上箱急停 IU
C1/3 B1/4
S52 S53 S54 S56 S58 S59 S60 S62
KC A1 A2 S100 R06
HC1/3 C1/2 B1/10 G20
G12
D4/4 +24 V 13 KXF 14 LD1 LD2 D1/5 COM
注1: G12为有消防停梯功能时配置，LD1/LD2为外部消防开关借口。
注2: G03为双驱动时配置。
注3: G13为有梯级跳动检测功能时配置。
注4: G14为横跨距离>30 m时，配中间急停时用。
注5: G15为有中间围裙板开关检测功能时配置。
注6: G20为选配自动加热装置时用。

图 7－26　安全回路

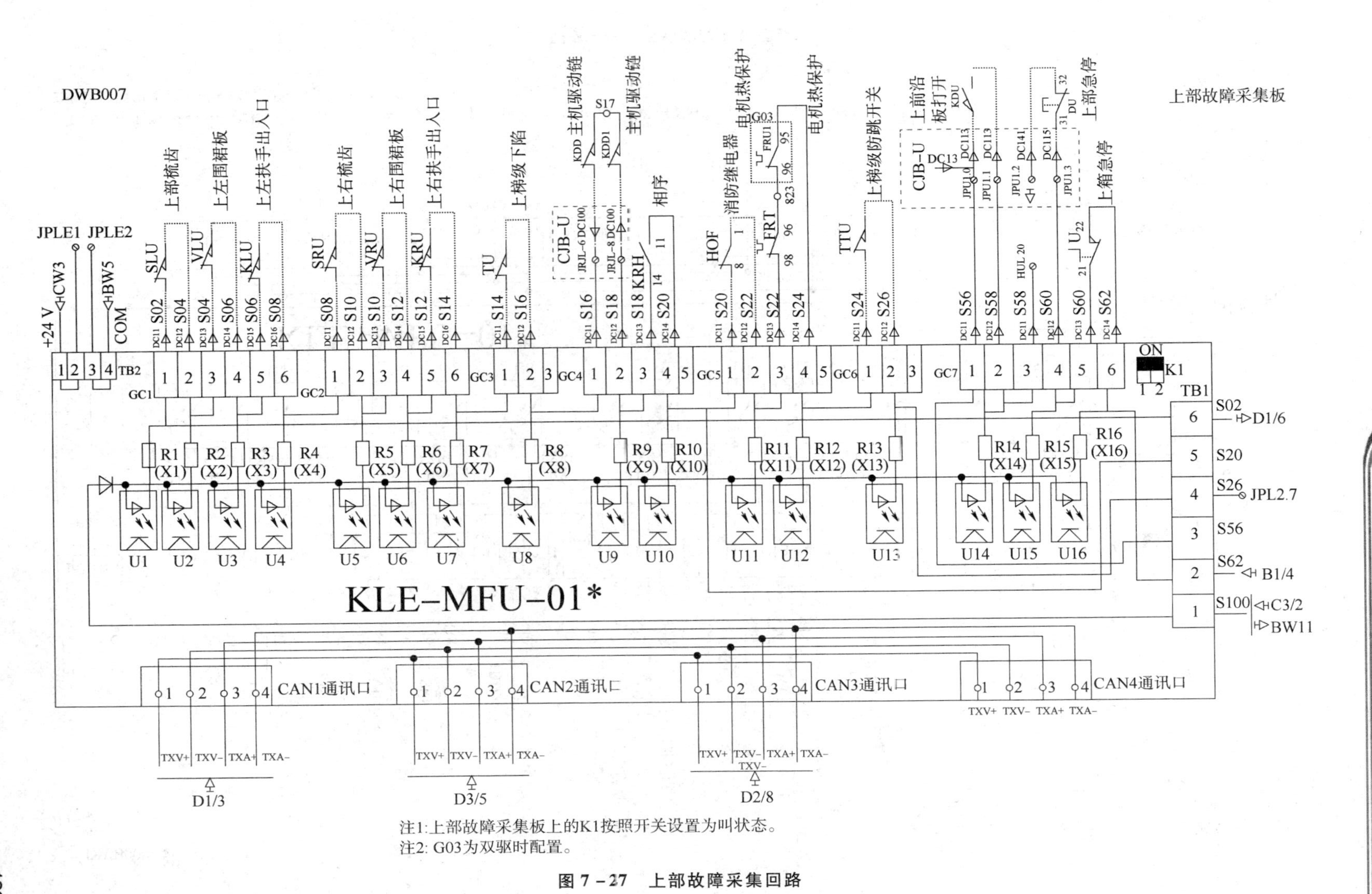

注1:上部故障采集板上的K1按照开关设置为叫状态。
注2: G03为双驱时配置。

图 7－27　上部故障采集回路

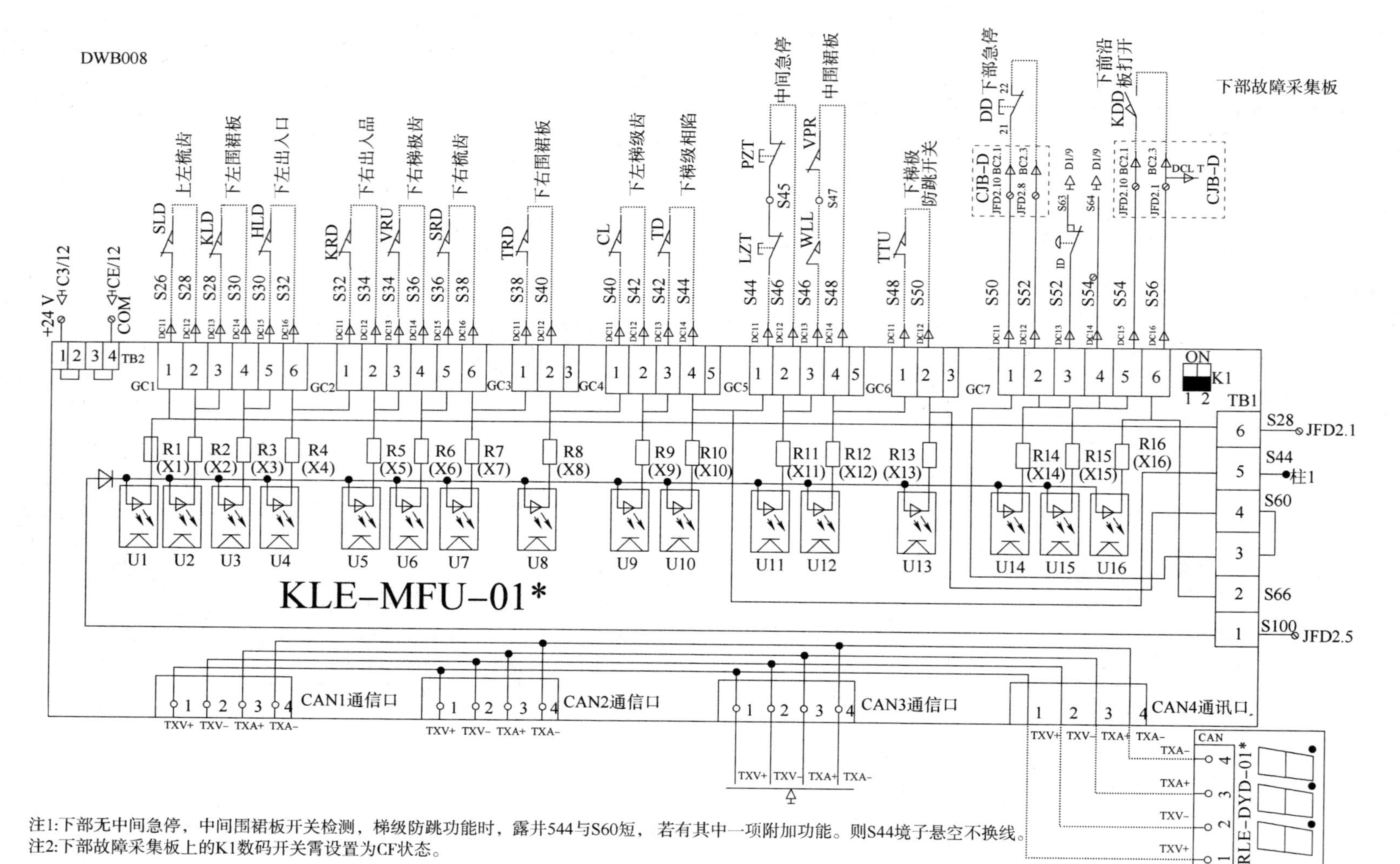

注1:下部无中间急停，中间围裙板开关检测，梯级防跳功能时，露井544与S60短，若有其中一项附加功能。则S44境子悬空不换线。
注2:下部故障采集板上的K1数码开关霄设置为CF状态。

图 7-28　下部故障采集回路

任务三　自动扶梯与自动人行道电气布线

一、电线电缆的技术要求

电缆分布于自动扶梯的各个部分，其性能直接影响到自动扶梯整体运行的可靠性。

1. 扶梯用电缆的种类

1）按绝缘护套分类

（1）PVC 电缆。根据采用聚氯乙烯特性的不同，还可以进一步细分为防油电缆和非防油电缆。

（2）低烟无卤。采用低烟无卤绝缘护套，具有阻燃特性。

2）按防护分类

（1）铠装电缆。绝缘护套上有一层铠装，可以防止老鼠的啃咬导致电缆失效。

（2）非铠装电缆。保护性一般。

3）按屏蔽效果分类

（1）有屏蔽电缆。抗干扰性比较高，为进一步提高抗干扰效果，大多数屏蔽电缆内部都是双绞线方式布置。

（2）非屏蔽电缆。抗干扰性一般。

2. 电缆的常用参数

电缆的常用参数包括额定温度、额定电压、导体、绝缘、护套和截面积等。

（1）额定温度、额定电压比较好理解，在这里不再详细说明。

（2）导体。导体可分为多股裸铜线、多股镀锡铜线、单股铜线等。

（3）绝缘。绝缘是指封装在电线上的绝缘材料，在选型时需要注意绝缘材料的特性、厚度、阻燃特性、耐低温特性、防油特性等。

（4）护套。护套用于包裹和保护的绝缘材料，在选型时需要注意绝缘材料的特性、厚度、阻燃特性、耐低温特性、防油特性等，最后还要确认整条电缆的外径是否满足使用需要。

（5）截面积。截面积指的是导线的横向截面的面积，与导线的直径和导线的根数有关。截面积与导线允许载流量成正比，但导线允许载流量还与允许温度、环境温度等其他因素有关，需要根据实际情况选定不能一概而论。

二、自动扶梯与自动人行道电缆的选用

在不同的使用场合，自动扶梯选用的电缆种类不一样。对于普通的商用项目，一般信号线使用普通的 PVC 电缆就可以了，但是串行通信线要使用屏蔽双绞线。对于公共交通型自动扶梯与自动人行道，一般信号线要使用低烟无卤电缆，对于需要特别防护的地方还要使用铠装电缆，如维修操纵开关盒。

电缆是自动扶梯与自动人行道的重要组成部分，设计时要根据使用场合、信号特点及电流大小等仔细确认。

任务分析

本项目的主要任务是了解电梯电气系统各方面的维修方法，包括控制柜、控制柜中电气元件、呼梯楼层显示系统、安全保护电路、开关门电路等的维修，为以后电梯的维修和保养的学习打下基础。

建议学时

8～12 学时。

学习目标

(1) 了解电气控制柜的维修。
(2) 了解呼梯楼层显示系统的维修。
(3) 熟悉安全保护电路的维修。
(4) 熟悉开关门电路的维修。
(5) 熟悉电气元件的维修。

任务一　电气控制柜的维修

一、总开关箱的要求

1. 一般要求

总开关箱的一般要求如下：
(1) 电梯电源应专用，由建筑物配电间直接送至机房。
(2) 每台电梯有能切除该梯最大负荷电源的开关控制。

（3）主开关位置应放在机房入口处，方便操作。

（4）在同一机房安装多台电梯的主开关时，各台电梯主开关的操作机构应有明显的识别标志。

（5）机房照明电源应与电梯电源分设；井道照明应从机房照明回路获得，并设置方便各自操作的开关。

（6）轿厢照明和通风电路以及轿顶、底坑用的 36 V 照明与插座，轿顶及底坑控制箱（盒）上装的供检修用 220 V 插座等电源可以从主控电源开关的进线侧获得，并在主开关旁设置电源开关进行控制。20 V 插座应用（2P + PE）型，并且应设有明显标志。

（7）所有电气设备的外露可导电部分均应可靠接地（零）。

2. 接地型式要求

接地型式的要求如下：

（1）电梯的电气设备外壳是接地还是接零，取决于供电网络的变压器低压中性点是否直接接地，若是直接接地就必须采用接零保护，否则就采用接地保护。

（2）在变压器中性点接地的低压供电网络中严格禁止只将电气设备的外壳直接接地。

（3）当电梯的供电网络采用三相四线供电网络，且变压器低压侧中性点与大地直接相接，即为 TN – C 系统时，应在总开关处将 PE 与 N 线（保护线与工作零线）重复接地，随后将 PE 与 N 线截然分开；并且 PE 线可多处重复接地而 N 线再不允许和大地作电气上的连接。

3. 动力电源线与电源开关的要求

动力电源线与电源开关的要求如下：

（1）电梯的 380 V 动力电源电压波动不应大于 7%，且应采用铜心电缆或铜心导线穿管（槽）暗配；由变电所配电间送至机房总开关箱上。

（2）应采用三相五线配线，且牢靠坚固、导电连续，不管在什么情况下都不得断开。PE 线可用自然零线，如电缆的铅封、穿线的钢管等代替。

（3）总电源开关一般采用铁壳负荷开关或自动空气开关。容量一般为负荷额定容量的 1.3 倍以上（常采用 60 ~ 100 A 开关）。

（4）若采用自动空气开关做总电源开关时，进线端必须有明显的断开点，以保障维修保养总开关时维修工的安全。

（5）总开关的保险体应合理选择，熔断电流一般为所保护负荷总电流的 1.5 ~ 2.5 倍。

4. 对总电源开关箱的维修要求

对总电源开关箱的维修要求如下：

（1）经常对电源箱进行清洁工作，使其无灰尘杂物覆盖，以免影响其散热。

（2）保持其转动部位灵活，闸刀的夹座应有足够的夹持力，且三相夹持力应一致。

（3）三相保险应选用一致的熔丝，不得用多股熔丝或不同材质的熔丝替代。

（4）开关的接线应将电源进线接到保护闸盖下面，即拉掉闸刀后，保险的两端不应有带电体。

（5）总开关的联锁装置应起作用，即在开闸断开电源打开箱盖后送不上电；合闸后箱盖打不开。

（6）经常检查压线螺帽、保险夹座有无松动或发热变色处；对兼作极限开关的总开关要保持其转动部位灵活，并保证其不误动作。

（7）对用自动空气开关做电源总开关的开关电路进行维护保养前，应先断开空气开关，并将进线端的隔离保险旋下。

二、控制柜的维修

电气控制柜设置在与曳引机相近的位置上，装有各种信号电气，并与调速控制电气通过控制线接至电梯各个部位以控制电梯的各种运行状态。电气控制柜主要电气元件详见表 8－1。控制电源回路详见图 8－1。

表 8－1　电气控制柜主要电气元件一览表

序号	名称	符号	型号/规格	单位	数量	功能
1	断路器	NF1	AC 380 V	个	1	控制主变压器输入电源
2	断路器	NF2	AC 220 V	个	1	控制开关电源输入 201/202 输入端
3	断路器	NF3	AC 110 V	个	1	控制 AC 110 V 桥式整流输入端电源
4	断路器	NF4	DC 110 V	个	1	控制 DC 110 V 输出电源
5	相序继电器	NPR		个	1	断相、错相保护
6	主变压器	TR1		个	1	控制系统电压分配及电源隔离
7	整流桥	BR1	AC 110 V/ DC 110 V	个	1	将交流电转化为直流电源
8	安全接触器	JDY	—	个	1	在电气控制上保障电梯安全运行
9	开关电源	SPS	—	个	1	向信号控制系统提供 DC 24 V 电源
10	抱闸接触器	JBZ	—	个	1	保证电梯安全运行，控制抱闸线圈工作状态
11	门锁接触器	JMZ	—	个	1	确保电梯在所有的厅门、轿门已关闭好电梯才能安全运行
12	电源接触器	MC	—	个	1	控制变频器 AC 380 V 输入电源
13	主控制电路板	MCTC－MCB	—	块	1	电梯信号控制系统主板
14	锁梯接触器	JST	—	个	1	电梯停用时锁梯
15	运行接触器	CC	—	个	1	决定电梯曳引主机控制电路的工作状态
16	变频器	INV	—	个	1	曳引电动机速度控制
17	电话机	FDH	—	个	1	与轿顶、底坑等通信联络
18	排风扇	FAN1	—	个	1	控制柜散热
19	检修转换开关	INSM	—	个	1	电梯运行状态转换
20	急停开关	EST1	—	个	1	安全保护
21	检修上行按钮	CICU	—	个	1	检修状态是点动上行
22	检修下行按钮	CICD	—	个	1	检修状态是点动下行

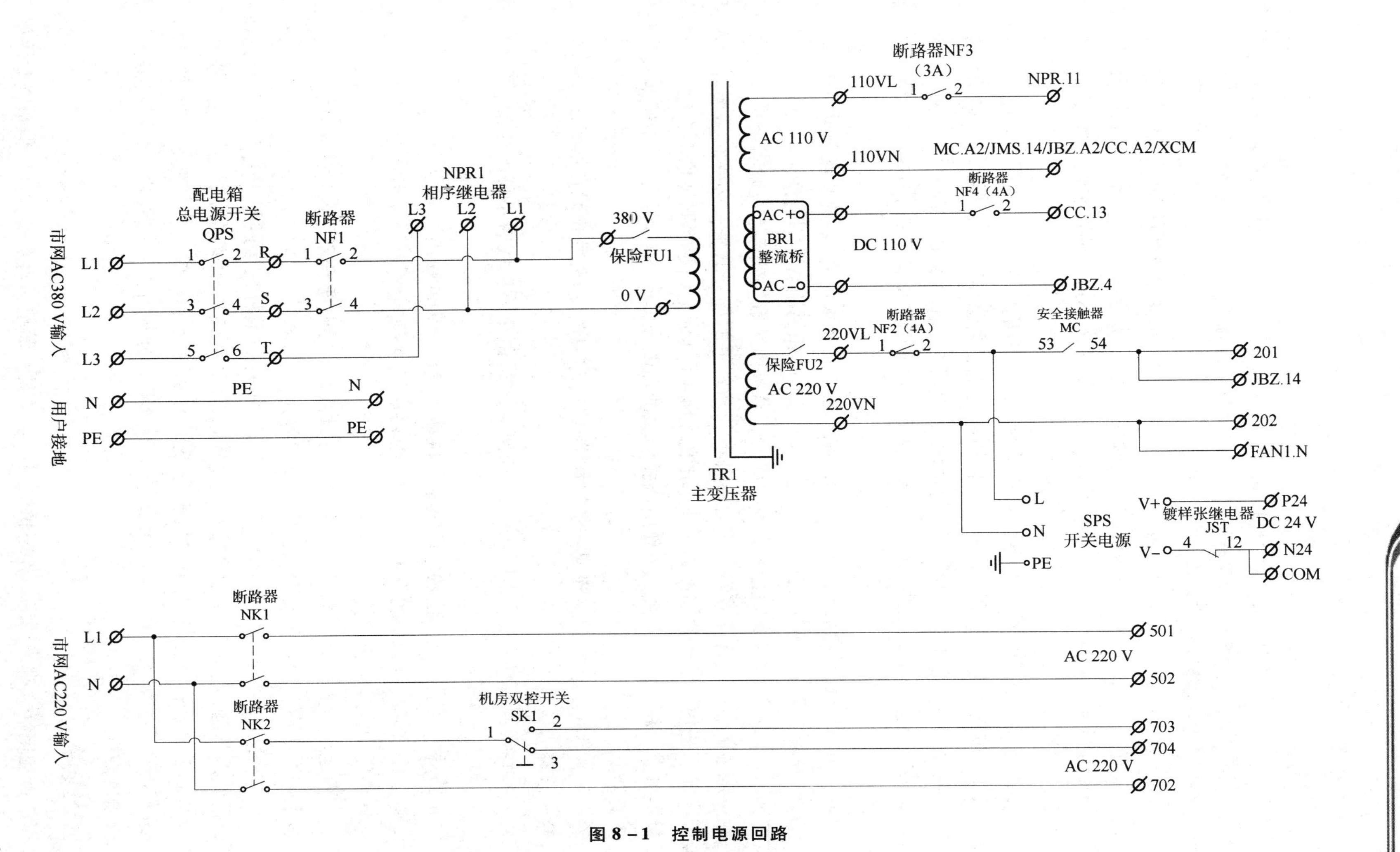

市网AC380 V输入
L1
L2
L3
用户接地
N
PE
配电箱
总电源开关
QPS
R
S
T
断路器
NF1
NPR1
相序继电器
380 V
保险FU1
0 V
TR1
主变压器
断路器NF3
（3A）
110VL
NPR.11
AC 110 V
110VN
MC.A2/JMS.14/JBZ.A2/CC.A2/XCM
断路器
NF4（4A）
CC.13
AC+
BR1
整流桥
AC−
DC 110 V
JBZ.4
断路器
NF2（4A）
220VL
保险FU2
AC 220 V
220VN
安全接触器
MC
201
JBZ.14
202
FAN1.N
L
N
PE
SPS
开关电源
V+
V−
镀样张继电器
JST
P24
DC 24 V
N24
COM
市网AC220 V输入
断路器
NK1
501
AC 220 V
502
断路器
NK2
机房双控开关
SK1
703
704
AC 220 V
702

图 8－1　控制电源回路

1. 接触器

1）接触器的技术数据

接触器是一种频繁接通和断开主电路、容量较大的电气元件。基本参数包括主触点额定电流、允许切断电流、触点数、线圈电压、动作时间、操作频率、机械和电气寿命等。

2）接触器的检修与故障处理

电梯用接触器在负荷情况下，除受机械冲击外，还要承受电弧的烧蚀，因此日常应进行良好的维护保养：及时清扫尘灰（可在断电后用毛刷、皮老虎清扫）；保证压接导线牢靠无松动，转动部位灵活无阻碍，三个触点压力均匀；铁芯上不应有油污脏物；辅助触点不应断裂、扭歪或阻滞以妨碍动静磁铁的吸合动作。

（1）接触器触点的维护与检修。接触器触点通常因机械损伤而使弹簧变形，造成压力不够。可用一条稍宽的纸条夹在动静触点间进行检测，若纸条很容易被拉出就说明触点压力不够，应更换弹簧。较大容量电气接触器触点压力较大，纸条被拉出时有撕裂现象，则认为触点压力比较合适，若纸条被拉断，就说明触点压力大了。但最准确的方法还是使用拉力计测定。

若触点金属表面出现氧化、积垢、点蚀，会造成接触不良（银触点氧化可以不必处理）。若是镉触点氧化，可用0号砂条擦去。触点上的积垢用清洗剂清洗。

若弹簧压力不够，触点闭合时会发生跳动；若灭弧装置失效会造成触点烧坏，此时应先找出触点烧蚀的原因，排除故障，然后将触点凹凸不平的部分磨平，必要时需要更换触点。触点因磨损、烧灼，导致其厚度减至原厚度的1/4～1/2时，应更换同规格的新触点。此外，若接触器触点材料为银钨合金，工作时电弧产生的轻微烧黑或烧毛现象，并不影响其导电性能，不必清除。

若电流大于电气的额定电流或弹簧损坏造成触点熔焊，应先找出触点熔焊的原因，排除后再给予修理或更换。

（2）接触器噪声的产生原因和处理。噪声主要是由于磁铁吸合不好产生的，原因一般如下：

①短路环损坏或开裂，使铁芯产生剧烈振动，发出很强的噪声；

②铁芯中有异物（如螺钉等）、油垢灰尘或铁芯生锈吸合不好而发出噪声；

③铁芯活动时被卡阻，使其吸合不牢；

④线圈电压与实际电压不符，电压过高或过低都会使其吸合不好而发出噪声。

按上述原因逐一排查并处理后，即可消除噪声。

（3）接触器释放慢或不释放的处理。接触器不释放或释放慢的原因有两种，一是新接触器动静铁芯接触面上的防锈油没擦净，尤其是低温时，防锈油填充了铁芯中的气隙，使衔铁与铁芯不能分开；二是使用中的接触器铁芯和衔铁有磨损或变形，使铁芯中柱原有的0.2 mm气隙变小或失去，造成铁芯和衔铁不能分开。处理方法：将铁芯上的脏物擦去或将铁芯锉出气隙。

2. 继电器

以前国内电梯大都采用继电器逻辑电路，它虽具有简单、直观等优点，但最终却因触点多易出故障而被淘汰。目前，电梯已采用PLC和计算机替代了继电器。

电梯所选用的继电器多为JY－16和DZ－41型，线圈电压一般多由110 V直流电源提供，前者有两只常开触点和两副转换触点，触点电流为5 A；后者一般有8只触点。检查处理方法同接触器。

3. PC与调速器

ACVV交流调速电梯使用PC与调速器组成的逻辑集选电路与调速电路，使电梯的运行性能进一步提高，同时简化了电梯的外部接线。但这种电梯对环境条件要求很严，如机房温度过高会使电梯电机加剧发热以至烧毁。因此，良好的使用环境和及时认真的维护保养可使交流调速电梯的故障率大大降低。

4. 变频变压装置与微机

用微机取代全部继电器和选层装置，用变频装置取代电抗电阻与调速装置，不仅使电梯性能有较大提高，同时使控制柜的电气设备大为简化，电梯的位置信号和减速信号由微机选层装置产生。总的来说，微机简化了电梯电路，省略了电气元器件，还可以完成复杂的控制任务，同时还具有故障自检查、自排除等功能，从而使故障率大大降低，直至无故障运行。但微机的使用更需要对电梯控制柜进行维护保养，干净通风的环境对微机的正常运行非常重要。

5. 控制柜的检查保养

日常维护保养时应观察控制柜上的各种指示信号、仪表显示等是否正确，接触器、继电器动作是否灵活可靠，有无明显噪声，有无异常气味，变压器、电抗器、电阻器、整流器工作是否正常，有无过热现象。

此外，对控制柜等还应定期作好维修保养。维修保养时应在断开电源的情况下进行，主要内容如下：

（1）用软毛刷或吸尘器清除控制柜表面上的积灰。操作时应先上方后下方，清洁继电器接触器、PC、微机、变频变压设备等部件。

（2）检查熔断装置、仪表、电阻、接触器等的接触情况及接线有无松动现象，应将各连接部位、压线部位的螺钉螺母旋紧压牢。

（3）检查控制柜、调频装置通风是否良好，接地（零）的保护线是否松动，控制柜上各转动部位的润滑情况是否良好。

任务二　呼梯楼层显示系统的维修

呼梯楼层显示系统可以模拟电梯轿厢的运动状态，及时向电梯控制系统发出信号，其主要功能是确定运行方向和发出停梯减速平层停车信号等。

一、选层装置的种类及工作原理

选层装置的种类很多，主要分为机械选层装置、继电器选层装置和PC选层装置。

1. 机械选层装置

机械选层装置是以机械方式模拟轿厢运行状态，准确反映轿厢运行位置，并以电气触点的接触传送电信号，达到对电梯实行多方控制的目的。机械选层装置示意如图 8－2 所示。

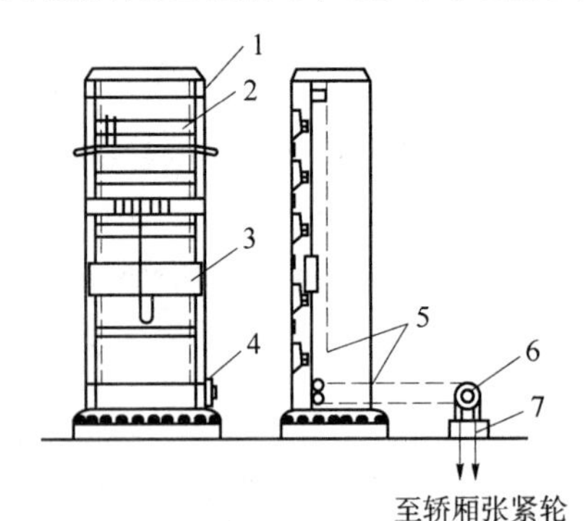

1—机架；2—层站定滑板；3—动滑板；
4—机械选层装置减速箱；5—传动链条；
6—钢带牙轮；7—冲孔钢带

图 8－2　机械选层装置示意

选层装置框架和钢带轮安装在机房，将钢带的一端经附有断带开关和张紧弹簧的机构固定在轿厢上，绕经机房钢带轮后，另一端经过轿厢上支架，再经井道底坑中的张紧轮返回到轿厢上。当电梯作向上（下）运动时，带动钢带运动，钢带牙轮在钢带带动下旋转，并带动牙轮上的链条转动，链条又带动选层装置上的滑板做上（下）运动将轿厢运动模拟到滑板上，滑板上的动触点与框架上模拟井道层间的静触点的接触与断开，完成了电气节点的接触与断开，起到了电气开关作用。机械选层装置的功能通常有轿厢位置指示，上、下换速，定向，轿内选层消号，厅外上下呼梯消号等，但因其结构复杂，故障多，现已被淘汰。

2. 继电器选层装置

继电器选层装置实际上是一种步进开关装置。其工作原理是：轿厢在井道内的位置信号是由双稳态开关与装在井道内导轨各层支架上的圆形永久磁铁之间的位置决定的，并由它来控制继电器选层装置。当轿厢离开相应的楼层后，装在轿厢上的双稳态开关与圆形永久磁铁相遇，使双稳态开关中至轿厢张紧轮的节点动作，并且一个位置一个位置地递进，继电器选层装置动作超前于轿厢，并使控制系统有足够的时间决定停车的距离。继电器选层装置因烦琐复杂，易发生故障，故目前基本上也已经不采用。

3. PC 选层装置

PC 选层装置由专门的传感器与接收装置组成，并通过 PC 鉴别与运算，来完成选层任务。目前电梯上常用的 PC 选层装置有以下 3 种。

（1）格雷码编码形式的电脑选层装置。该装置通过装在轿顶上的双稳态开关和装在井道轨道专用支架上的圆形永久磁铁吸合，用格雷码编码表示位置信号（和电气选层装置基本一样）。

格雷码电脑选层装置主要由格雷码转换电路、轿厢位置信号电路、扫描器、步进逻辑电路、选层装置的输出部分等组成。

当轿厢停止时，选层装置直接提供轿厢当时的位置；在轿厢运行时，选层装置提供即将要到达的层站位置。因为选层装置的 PC 部分采用二进制，所以井道中的格雷码编码信息，必须先经格雷码—二进制转换电路，转换成二进制后才可执行。

扫描器为一个步进式开关装置，每执行一个程序循环，扫描器对每个层站的上方和下方扫描一次（一步）。例如，先由首层逐层向上扫描到最高层，而后再由最高层逐层向下扫描，确定已登记的呼梯信号和轿厢位置，并形成一个脉冲带。当轿厢处于某一位置时，由选层装置给出一个位置信号，同时扫描器不断扫描并发出扫描信号，两种信号通过比较器进行比较，由微机发出最终的信号。

电梯从停止状态到运行时，一开始工作，必须把轿厢现时位置告诉微机系统；电梯一旦运行起来，该电路就停止工作，完成这个任务的电路称并行装入逻辑电路。

电梯在运行时，选层装置应步进到它的前一层站（上行时加一，下行时减一）。因为轿厢每次停层，并行装入逻辑电路就接收当时轿厢的位置信号，轿厢一开始运行，就按选定方向步进。实现这个过程的电路称为步进逻辑电路。

选层装置输出的信号，直接进入微机，由微机对电梯进行选层控制。

（2）光码盘选层装置。在电梯曳引机的轴伸端或减速器蜗杆尾部安装有一个光电盘（有的安装在限速器轴上），光电盘的圆周均匀地打着许多小孔，其一侧是发光器，另一侧是接收器，如图8－3所示。

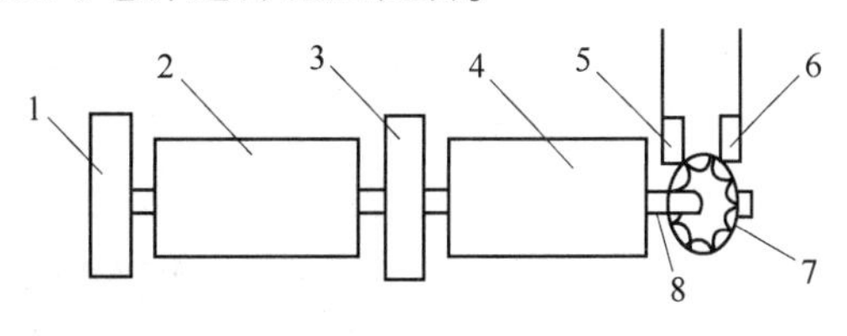

1—飞轮；2—引电动机；3—制动器；4—减速器；5—发光器；6—接收器；7—光电盘；8—减速器蜗杆

图8－3　光码盘选层装置示意

当曳引机旋转时，光电盘也跟着旋转，这时发光器发光，圆盘上的小孔经过发光器时，光线穿过小孔，接收器接收光束并将其变为脉冲信号输入电脑。根据脉冲数就可以知道电梯运行的距离，这就是层站信号。有了这个信号（电梯轿厢现时位置信号）后，电梯的选层走向、指层、减速、平层、停梯消号就可以根据PC输出完成了。

（3）采用测速发电机，经数/模转换将发电机输出的模拟信号转变为二进制数字信号，信号再输入微机来计算出轿厢现时位置的PC选层装置。该装置的优点是光电盘脉冲计数较准确，低速时不会丢失脉冲，而测速发电机式选层装置在低速时，输出幅值较低，会发生丢失脉冲的误差。

为了防止电脑选层装置误差产生故障（如电梯运行中发生曳引钢丝绳打滑或其他故障），常在电梯基站或顶层设置校正装置，当电梯到达校正点时，将计数脉冲清零，以免误差积累。

二、选层装置的维修

无论使用何种选层装置，都有轿顶和井道两个相对运行装置，不仅要保持它们的稳固，不得位移，还要做以下工作。

（1）应经常检查、清洁选层装置与平层装置，保证它们表面无油垢灰尘，转动部位灵活、润滑良好。

（2）检查各永磁感应器的接线或插头，应压接牢靠，接触良好。

（3）对机械选层装置，应检查其传动钢带是否可靠，如发现断裂痕迹应及时修复或更换；检查连接螺栓是否松动，若松动立即拧紧；检查触点接触是否可靠，弹性触点的压力是否正常，调整触点使其动作准时无误，接触可靠；及时清除触点表面的积垢，烧蚀的地方应立即修复或更换。

（4）对井道内装设的电气选层装置进行维护保养。日常清扫表面灰尘；检查并拧紧连接螺栓螺帽；元件的位置不得移动，间距应保持正常；检查双稳态开关节点在通和断两个位置上的双稳态状况，不正常时应立即调整或更换。

（5）对电脑选层装置进行维护保养。应经常检查连接部位的螺钉是否松动，应保障与所连接机件的同轴度；检查发射与接受光源的小盒固定是否牢固，光电编码孔盘应在两小盒正中；采用测速发电机作传感器时，更应注意发电机与电动机轴或减速箱蜗杆尾部的连接处的同轴度，使其不得摇摆或晃动。

下面以两个常见故障为例进行说明。

1）乘客内呼梯选层不能正常应答

（1）故障现象：乘客在一楼，厅门和轿门关好后，按下二楼选层按钮，按钮内置指示灯亮，但电梯不运行。故障原因：可能是选层信号未能传输到微机主控制板。

（2）检测选层信号传输是否异常，需两人配合操作：一人在轿厢内按下二楼选层按钮，另一人在机房测量微机主控制板的输入信号。用万用表直流电压挡测量选层信号通过主控制板的输入端，如果不是零电位，说明信号传输异常。经检查，故障原因为传输信号线断开。用备用线更换后，故障排除。

（3）按标准检查电梯呼梯与楼层显示系统的各项功能均正常。填写维修记录单，维修任务完成。

2）二楼楼层显示器下行指示没有显示

（1）按图 8－4 所示，检测楼层显示器故障，找到故障点为信号输入端接触不良。

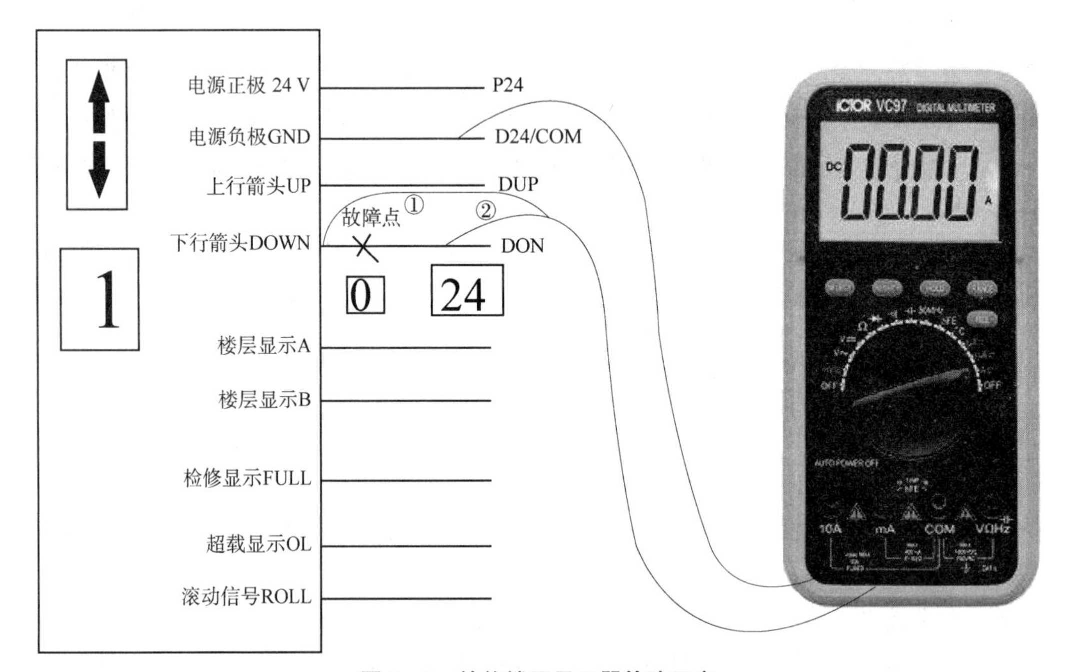

图 8－4 检修楼层显示器故障示意

（2）将该信号输入端重新接牢固，故障排除。

（3）按标准检查电梯呼梯与楼层显示系统的各项功能均正常，维修任务完成。

三、厅外召唤按钮

1. 作用

厅外召唤按钮用来登记厅外乘客的呼梯需要，同时也有同方向本层开门的功能，如电梯向上运行时，按住上召唤不放，则电梯门会长时间开启。

2. 故障状态

召唤按钮被卡住时，电梯会停在本层不关门。

(1) 故障现象：按下一楼外召唤按钮，按钮内置指示灯不亮。故障原因：可能是召唤按钮的触点或接线接触不良，DC 24 V 电源异常。

(2) 召唤按钮结构如图 8－5 所示，用万用表测量“2”与“4”端的电压值，如为 DC 24 V，则表明正常。由此可初步判断故障原因为触点接触不良。

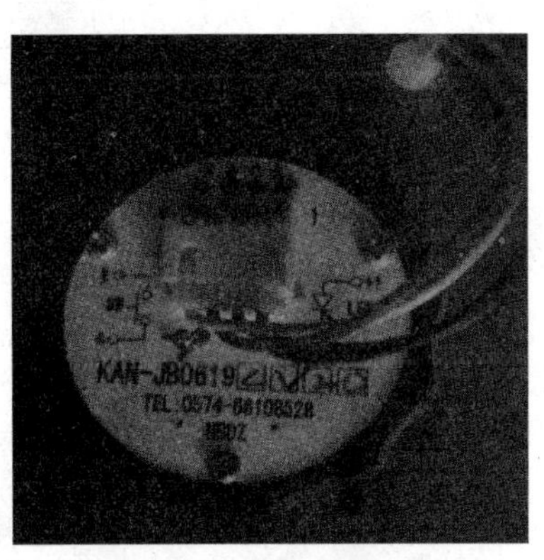

图 8－5　召唤按钮结构

(3) 用螺钉旋具松开按钮的后盖，对触点进行修复，排除故障。

(4) 按标准检查电梯呼梯与楼层显示系统的各项功能均正常。填写维修记录单，维修任务完成。

任务三　安全回路的维修

一、安全回路的作用

为保证电梯能安全运行，在电梯上装有许多安全部件。只有在每个安全部件都正常的情况下，电梯才能运行，否则电梯立即停止运行。

安全回路是指在电梯中各安全部件都装有一个安全开关，把所有的安全开关串联，控制一只安全继电器，只有所有安全开关都接通的情况下，安全继电器吸合，电梯才能运行，安全回路原理图如图 8－6 所示。

二、常见的安全回路开关

(1) 机房：配电控制箱急停开关、热继电器、限速器开关。

(2) 井道：上极限开关、下极限开关（有的电梯把这两个开关放在安全回路中，有的则用这两个开关直接控制动力电源）。

(3) 地坑：断绳保护开关、地坑急停开关、缓冲器开关。

(4) 轿内：操纵箱急停开关。

(5) 轿顶：安全窗开关、安全钳开关、轿顶检修箱急停开关。

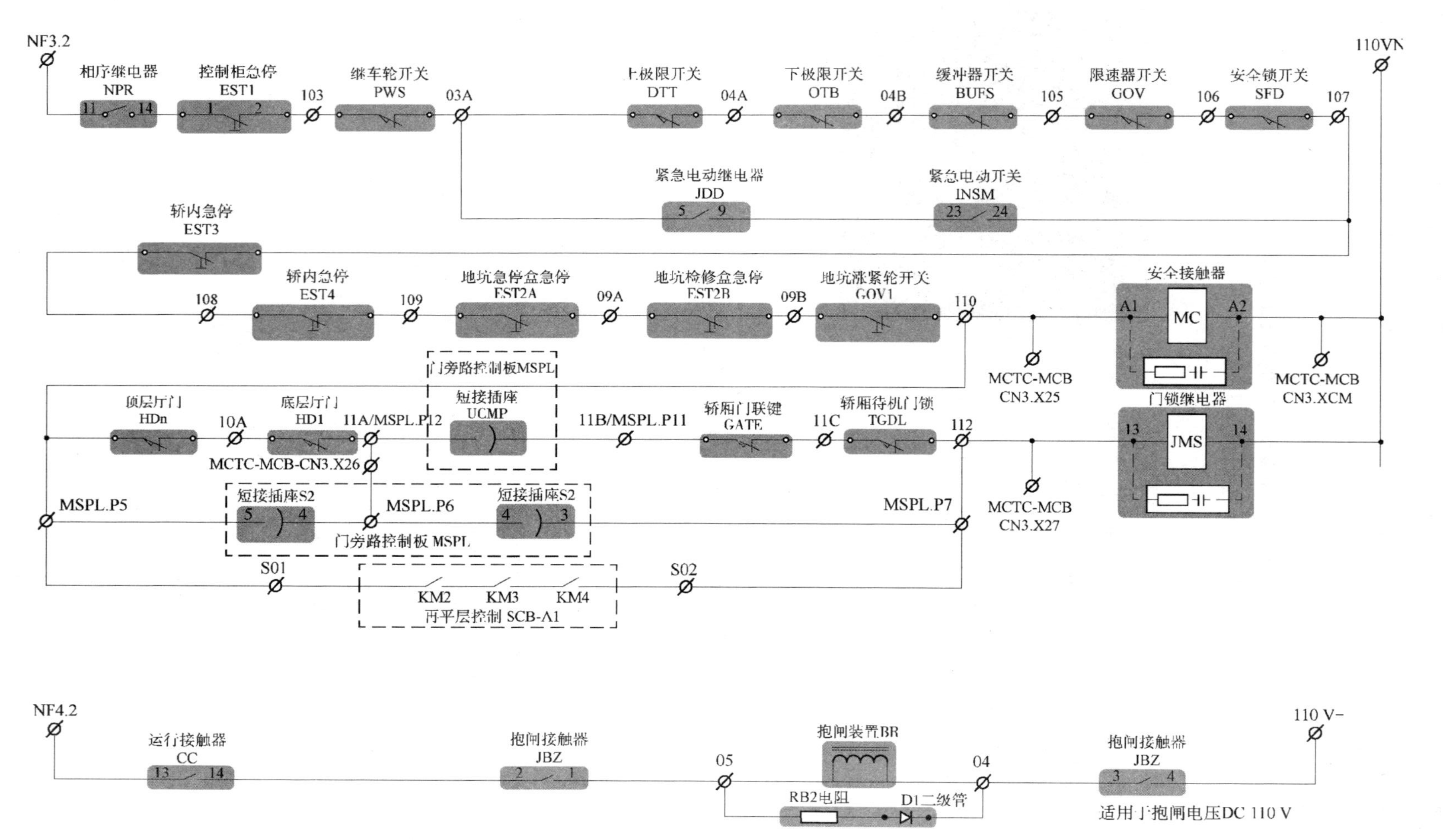

NF3.2
相序继电器
NPR
控制柜急停
EST1
103
继车轮开关
PWS
03A
上极限开关
DTT
04A
下极限开关
OTB
04B
缓冲器开关
BUFS
105
限速器开关
GOV
106
安全锁开关
SFD
107
110VN
紧急电动继电器
JDD
紧急电动开关
INSM
轿内急停
EST3
轿内急停
EST4
108
109
地坑急停盒急停
FST2A
09A
地坑检修盒急停
FST2B
09B
地坑涨紧轮开关
GOV1
110
安全接触器
MC
A1
A2
MCTC-MCB
CN3.X25
MCTC-MCB
CN3.XCM
门锁继电器
JMS
13
14
门旁路控制板MSPL
短接插座
UCMP
顶层厅门
HDn
10A
底层厅门
HD1
11A/MSPL.P12
MCTC-MCB-CN3.X26
11B/MSPL.P11
轿厢门联锁
GATE
11C
轿厢待机门锁
TGDL
112
MCTC-MCB
CN3.X27
MSPL.P5
短接插座S2
MSPL.P6
门旁路控制板 MSPL
MSPL.P7
S01
S02
KM2
KM3
KM4
再平层控制 SCB-A1
NF4.2
运行接触器
CC
抱闸接触器
JBZ
05
抱闸装置BR
RB2电阻
D1二级管
04
110 V-
适用于抱闸电压DC 110 V

图 8－6　安全回路原理图

三、安全回路的维修

当电梯处于停止状态时，所有信号均不能使用计算机登记，电梯无法运行，首先应怀疑是否为安全回路故障。这时应该到机房控制屏察看安全继电器的状态，如果安全继电器处于释放状态，则说明安全回路故障，可能故障原因有以下几点。

（1）输入电源有缺相引起相序继电器动作。

（2）电梯热继电器动作。

（3）限速器超速引起限速器开关动作。

（4）电梯冲顶或沉底引起极限开关动作。

（5）地坑断绳开关动作。

（6）安全钳动作。

（7）安全被人顶起，引起安全窗开关动作。

（8）急停开关被按下。

如果各开关都正常，应检查其触点接触是否良好，接线是否有松动等。

另外，目前较多电梯虽然安全回路正常，安全继电器也吸合，但通常在安全继电器上取常开触点信号再送到 PC 进行检测，所以计算机自身故障也会引起安全回路故障的状态。

电梯运行的先决条件是安全回路的所有安全开关、继电器触点都要处于接通或正常状态，任一个安全开关或继电器触点断开、接触不良都会造成安全回路不工作，电梯无法正常运行。因为串联在安全回路上的各安全开关安装位置比较分散，要快速找出故障所在点比较困难，较好的方法是采用电位法结合短接法查找故障点。

电位法结合短接法查找安全回路故障的步骤如下：

（1）检测时，一般先检查电源电压是否正常，继而检查开关、元器件触点应该接通的两端，若电压表上没有指示，则说明该元器件或触点断路。若线圈两端的电压值正常但继电器不吸合，则说明该线圈断路或损坏。

（2）在机房电控柜内，根据安全回路中的接线端先用电位法检查。如图 8－7 所示，先测量“NF3/2”与“110 VN”间是否有 110 V 电压，如果有，则说明电源有电；然后将一支表笔固定在“110 VN”端，另一支表笔放在接线端“104 B”处，如果电压表没有 110 V 电压指示，则说明“N3/2”端到“104 B”端的电气元件不正常，故障点应在该范围内寻找。例如，表笔放置于接线端“103”处，若有电压指示，便继续测量下一个点；将表笔置于“103 A”处仍有电压指示，则继续查找；将表笔置于“104”处时，没有电压指示，则可以初步断定故障点应该在接线端“104”与“103 A”之间的盘车轮开关元器件上。然后用跨接线短接“104”“103 A”，如果安全接触器 JDY 吸合，证明故障应该发生在盘车轮开关元器件上。找到该元器件进行修复或更换，即可达到将故障排除的目的。

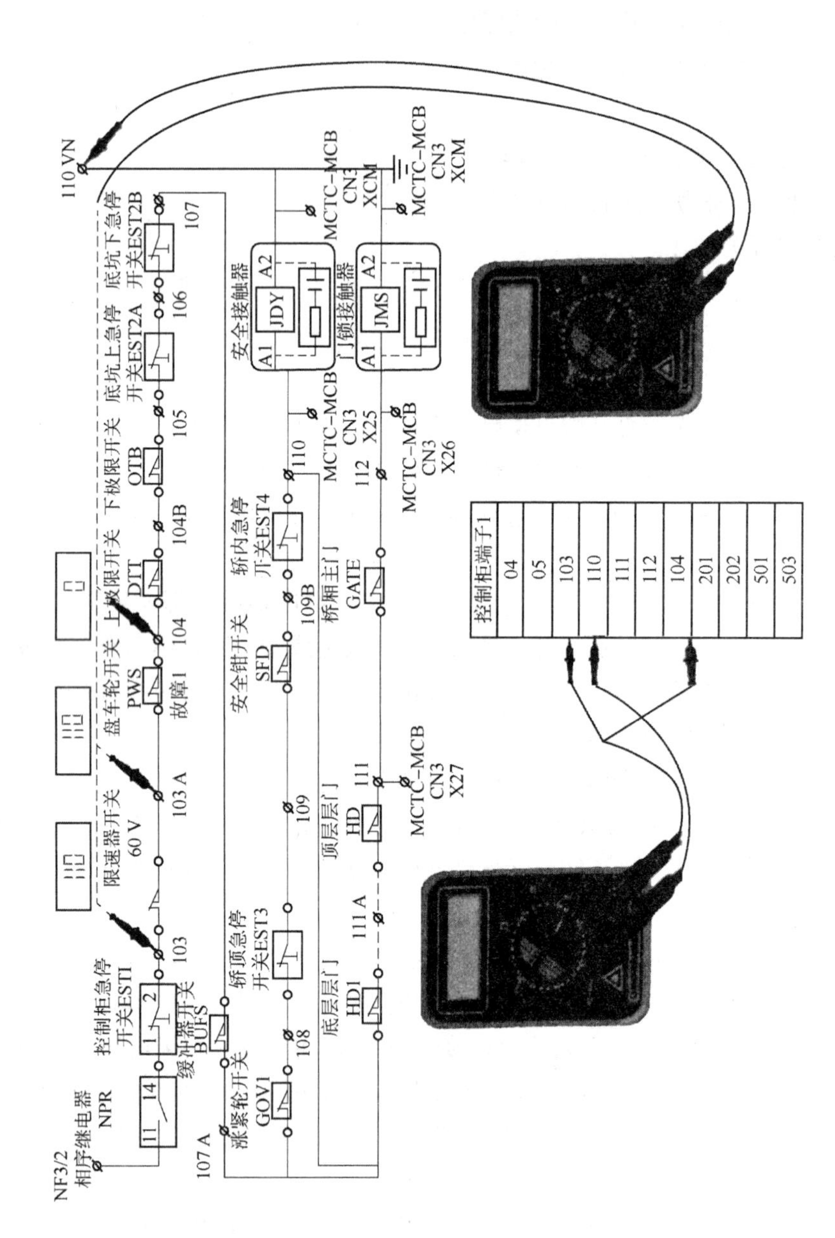

图 8-7 安全回路故障示意

任务四　开关门电路的维修

一、门锁回路

1. 作用

为保证电梯必须在全部门关闭后才能运行，在每扇厅门及轿门上都装有门电气连锁开关。只有当全部门电气连锁开关都接通时，控制屏的门锁继电器方能吸合，电梯才能运行。

2. 故障状态

在全部门关闭的状态下，到控制屏察看门锁继电器的状态。如果门锁继电器处于释放状态，则应判断为门锁回路有断开点断开。

3. 维修方法

目前，大多数电梯在门锁断开时不能运行，所以门锁故障属于常见故障。

（1）首先应重点怀疑电梯停止层的门锁是否有故障。

（2）确保安全的状态下，分别短接各层、厅门锁和轿门锁，分出故障部分。

另外，虽然电梯门锁回路正常，门锁继电器也吸合，但通常在门锁继电器上取一副常开触点再送到 PC 进行检测。如果门锁继电器本身接触不良，也会引起门锁回路故障的状态。

二、安全触板

1. 作用

为了防止电梯门在关闭过程中夹住乘客，一般在电梯轿门上装有安全触板、光电（或光幕）。

（1）安全触板：为机械式防夹人装置。当电梯在关门过程中，人碰到安全触板时，安全触板向内缩进，带动下部的一个微动开关动作，使门向开门方向转动。

（2）光电：有的电梯门安装了光电（至少需要两点，一边为发射端，另一边为接收端）。当电梯门在关闭时，如果有物体挡住光线，接收端无法接收发射端的光源，立即驱动光电继电器动作，使门向反方向开启。光幕与光电的原理相同，主要是增加了发射点和接收点。

2. 故障与维修

1）电梯门关不上

故障现象：电梯在自动位时不能关闭，或没有完全关闭就反向开启，在检修时却能关上。

故障原因：安全触板开关损坏，或被卡住，或开关调整不当，安全触板稍微动作即引起开关动作。光电（或光幕）位置偏离或被遮挡，或光电（光幕）无供电电源，或光电（光幕）已损坏。此时，应及时更换安全触板开关或光电（光幕）。

2）安全触板不起作用

故障原因：安全触板开关损坏，或有断线。更换开关或用万用表查找断线处进行连接。

任务五　电气元件的维修

电梯的电气元件主要包括门电动机板、编码板、I/O 板、主控板、外召通信板及显示板等。

一、模块组成

电梯模块组成如图 8－8 所示。

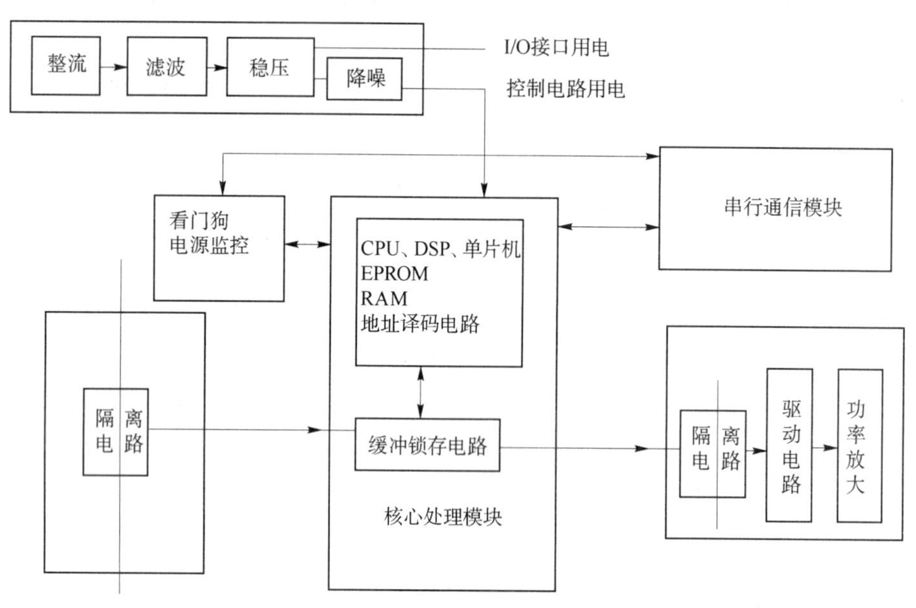

图 8－8　电梯模块组成图

（1）电源模块，包括整流电路、稳压电路、滤波电路、电源监控电路。

（2）核心处理模块，包括 CPU（或单片机、DSP 处理器）、EPROM、RAM、地址信号译码电路、振荡电路、复位电路、看门狗电路。

（3）信号输入模块，包括降压电路、信号隔离电路（一般情况用光耦和微型变压器）、缓冲锁存电路。

（4）信号输出模块，包括缓冲锁存电路、信号隔离电路（一般情况用光耦和微型变压器）功率放大电路。

（5）串行通信模块。在电梯中使用的串行通信技术主要是 RS－232、RS－485 或 CAN 总线，其中 RS－232 用于与调试器、计算机连接，内部通信一般采用 RS－485 或 CAN 总线技术。

在电梯的各种电子板中，正常使用的情况下，核心元件损坏的概率较小。因为处理器、EPROM、RAM、晶振等都是在 5 V 或更低电压条件下工作，纯属开关量信号。故障一般出现在 I/O 接口部分和电源部分，如输入的光耦、光耦的限流电阻、输出部分的功率放大三极管、可控硅及驱动电路等。电源部分主要有无电压、电压偏低、电源波动太大等故障。

二、维修方法

在维修电器元件前，首先要详细询问故障发生时的现象，同时必须清楚相关原理和接口的作用，才能缩短判断故障所需的时间。同时，对于不懂、不会的地方不能蛮干，避免故障进一步扩大。

（1）检查电子板是否初始化操作。判断主板是否初始化操作最简单的方法就是检查输出继电器是否吸合、LED 显示是否正常、有无报错声响等。如果有报警声、有数字或字符显示，基本可判断核心处理模块正常。如果不正常，应检查主板外部输入电压、电流是否正常；在确认电源正常后，可依次检查 CPU 的电压是否正常（一般为 5 V）、复位电路是否复位、振荡电路是否起振。其中要特别注意主板的核心电压，它是指输入电源经过整流电路、稳压电路、滤波电路、电源监控电路后 CPU 等核心模块直接使用的电压，要求精度比较高。

（2）输入信号后无反映的维修方法。首先确认电源是否正常，确定 CPU 是否正常工作。若都正常，则检查输入电路接口部分有无松脱，保护二极管、限流电阻是否被击穿，光耦、隔离变压器是否正常。对有光耦的电路，锁存电路损坏的可能性很小，所以可以以光耦原件为分界线，判断故障出现在光耦前端还是后端。

（3）无输出信号的维修方法。首先确认电源是否正常，确定 CPU 是否正常工作，确认相对应的输入信号正常后，再依次检查输出接口的功率放大接口电路、功率元件驱动电路、信号隔离电路（光耦或变压器）、信号锁存电路等是否正常。

（4）通信不正常。对 CAN 总线来说，一个通信节点出错不会影响整个通信网络，但实际应用中，由于程序设计加上硬件设计不完善，一个节点出错也可能会导致整个通信不正常，如出现不能正常呼梯或显示混乱等奇怪的现象。所以，对通信不正常的现象要具体原因具体对待，通常可采用代换法，对电路板上能代换的元器件尽量代换以节省维修时间。

任务分析

本项目的主要任务是学习电梯电气系统的故障诊断与排除。通过完成电梯主电源回路、电梯控制信号回路、开关门控制电路以及电气元件的故障诊断与排除，掌握电梯电气控制原理图的识读，了解电梯电气控制系统的构成，学会电梯常见电气故障的诊断与排除方法，能按照电梯安装与验收的规范、完成指定的任务。

建议学时

12 学时。

学习目标

(1) 会识读电梯电气控制原理图。

(2) 了解电梯安装与验收规范和标准。

(3) 理解电梯电气控制系统的构成与基本原理。

(4) 熟识电梯电气控制系统各元器件的安装位置和电路敷设情况。

(5) 熟识电气故障的类型，学会电梯常见电气故障的诊断与排除方法。

任务一　电梯排故预备知识

一、电梯电气系统的构成

电梯的电气系统包括电力拖动系统和电气控制系统。从硬件的角度来看，电梯电气系统由电源总开关、电气控制柜、轿厢操纵箱以及电梯各部位的安全开关和电气元器件组成；从电路功能来看，电梯电气系统又由电源配电电路、开关门电路、运行方向控制电路、安全保护电路、呼梯及楼层显示电路和消防控制电路组成。各个电路功能介绍如下。

1. 电源配电电路

电源配电电路的作用是将市网电源（三相交流 380 V，单相交流 220 V）经断路器配送至主变压器、相序继电器和照明电路等，为电梯各电路提供合适的电源电压。

2. 开关门电路

开关门电路的作用是根据开门或关门的指令，门的开、关是否到位，门是否夹到物品，轿厢承载是否超重等信号，控制开关门电动机的正、反转，起动和停止，从而驱动轿门启闭，并带动厅门启闭。

3. 运行方向控制电路

运行方向控制电路的作用是当乘客、司机或维修保养人员发出召唤信号后，微机主控制器根据轿厢的位置进行逻辑判断后，确定电梯的运行方向并发出相应的控制信号。

4. 安全保护电路

电梯安全保护电路的设置，主要是考虑电梯在使用过程中，可能因某些部件质量问题、维修保养欠佳、使用不当等出现的一些不安全因素，或者维修时要在相应的位置上对维修人员采取确保其安全的措施。如果该电路工作不正常，安全接触器便不能得电吸合，电梯无法正常运行。

5. 呼梯及楼层显示电路

呼梯及楼层显示电路的作用是将各处发出的召唤信号转送给微机主控制器，在微机主控制器发出控制信号的同时把电梯的运行方向和楼层位置通过楼层显示器显示。

6. 消防控制电路

消防控制电路的作用是在电梯发生火警时，使电梯退出正常服务而转入消防工作状态。大多数电梯在基站呼梯按钮上方会安装一个“消防”开关，如图 9－1 所示。该开关用透明的玻璃板封闭，开关附近注有相应的操作说明。一旦发生火灾，可敲碎玻璃面板，按动消防开关，电梯立即关闭厅门并返回基站，使乘客安全脱离现场。

图 9－1　“消防”开关

二、电气系统的故障类型及判定方法

由于电梯的电气自动化程度比较高，因此其电气系统故障的发生点可能是机房控制柜内的电气元件，也可能是安装在井道、轿厢、厅门外的控制电气元件等，这给维修工作带来了一定的困难。但是只要维修人员熟练掌握电梯电气控制原理，熟识各元器件的安装位置和电路的敷设情况，熟识电气故障的类型，掌握排除电气故障的步骤和方法，就能提高排除电气故障的效率。

1. 电梯电气故障类型

1）断路型故障

断路型故障就是电气元件内部或电梯控制电路出现断路或无法接通而使电梯不能正常工

作的故障。造成电路无法接通的原因是多方面的，如触点表面有氧化层或污垢；电气元件引入引出线的压紧螺钉松动或焊点虚焊造成断路或接触不良；继电器或接触器的触点被电弧烧毁，触点的弹簧片被接通或断开时产生的电弧加热，经自然冷却后失去弹力，从而使触点的接触压力不够而接触不良；当一些继电器或接触器吸合和复位时，触点产生颤动或抖动造成断路或接触不良；电气元件的烧毁或撞毁造成断路等。

2）短路型故障

短路型故障就是电气元件内部或电梯控制电路出现短路引起的故障。短路时轻则使熔断器熔断，重则烧毁电气元件，甚至引起火灾。对已投入运行的电梯电气控制系统，造成短路的原因也是多方面的，如电气元件的绝缘材料老化、失效、受潮；由于外界原因造成电气元件的绝缘损坏，以及外界导电材料入侵等。

断路和短路是以继电器和接触器为主要控制元器件的电梯电气控制系统中较为常见的故障。

3）位移型故障

有的电梯电气控制电路是靠位置信号控制的，这些位置信号由位置开关发出。例如，电梯运行的换速点、消号点和平层点等都是由位置开关来确定的；控制开关门电路中的“慢”“更慢”“停止”位置信号的发出是靠凸轮组控制的；安全电路的上（下）行限位信号是靠打板和专用的行程开关控制的。在电梯运行过程中，这些开关不断与凸轮（或打板）接触碰撞，时间长了，就容易产生磨损位移，其结果轻则使电梯的性能变差，重则使电梯产生故障。

4）干扰型故障

对于采用微机作为过程控制的电梯电气控制系统，则会出现干扰型故障。例如，外界干扰信号造成系统程序混乱产生误动作、通信失效等。

2. 电气控制系统故障诊断与排除预备知识

1）掌握电气控制电路的工作原理

电梯的电气系统，特别是控制系统，结构十分复杂。一旦发生故障，要迅速排除，因此只有弄清选层、关门、起动、运行、换速、平层、停梯、开门等控制环节的工作过程，明白各电气元件之间的相互关系及其作用，了解电路原理图中各电气元件的安装位置，以及电梯中存在机械部件和电器元件相互配合的位置，明白它们之间是怎样实现配合动作的，才能准确地判断故障的发生点，并迅速排除。

2）分析故障

在判断、检查和排除故障之前，必须清楚故障的现象，才有可能结合电路原理图迅速准确地分析判断出故障的性质和范围。可以通过听取司机、乘客或管理人员讲述发生故障时的现象，或通过看、闻、摸以及其他检测手段和方法来查找故障现象。

（1）看。查看电梯的维修保养记录，了解在故障发生前有否做过任何调整或更换元器件；观察每一零件是否工作正常；看故障灯、故障码或控制电路的信号输入输出指示是否正常；看电气元件外观是否改变等。

（2）闻。闻电路元器件（如电动机、变压器、继电器、接触器线圈等）是否有异味。

（3）摸。用手触摸电气元件温度判断是否异常，拨动接线圈判断是否松动等。

（4）其他检测方法。例如，根据故障代码、借助仪器仪表（如万用表、钳表、绝缘电阻表等）检测电路中各参数是否正常，从而分析判断故障所在。

最后，根据电路原理图确定故障性质，准确分析判断故障范围，制订切实可行的维修方案。

3. 电梯电气系统故障的判定方法

首先用程序检查法确定故障处于哪个环节电路，然后再确定故障出自此环节电路上的哪个电气元件。

1）程序检查法

电梯的正常运行，都要经过选层、定向、关门、起动、运行、换速、平层、开门的过程循环。其中每一步叫作一个工作环节，实现每一个工作环节的控制电路叫作工作环节电路，且先完成上一个环节才开始下一个工作环节，一步跟着一步，一环扣着一环。程序检查法就是维修人员模拟电梯的操作程序，观察各环节电路的信号输入和输出是否正常，如果某一信号没有输入或输出，说明此环节电路出了故障。维修人员可以根据各环节电路的输入、输出，指示灯的动作顺序或电气元件动作情况，判断故障出自哪个环节电路。程序检查法是把电气控制电路的故障确定在具体某个电路范围内的主要方法。

2）电压法

电压法就是通过使用万用表的电压挡检测电路某一元器件两端电位的高低，来确定电路（或触点）的工作情况的方法。使用电压法可以测定触点的通断，当触点两端的电位一样，即电压降为零，也就是电阻为零，判断触点为通；当触点两端电位不一样，电压降等于电源电压，也就是触点电阻为无穷大，即可判断触点为断。

3）短接法

短接法就是用一段导线逐段接通控制电路中各个开关节点（或电路），模拟该开关（或电路）闭合（或接通）来检查故障的方法。短接法只是用来检测触点是否正常的一种方法。当发现故障点后，应立即拆除接线，不允许用跨接线代替开关或开关触点的接通。

4）断路法

电梯电气控制电路有时还会出现不该接通的触点被接通，造成某一个环节电路提前动作，使电梯出现故障，排除这类故障的最好方法是使用断路法。断路法就是把产生上述故障的可疑触点或接线强行断开，排除短路的触点或接线，使电路恢复正常的方法。例如，定向电路某一层的内选触点烧结，就会出现不选层也会自动定向的故障。这时最好使用断路法，把可疑的某一层内选触点的连线拆开，如果故障现象消失了，就说明故障发生在这里。断路法主要用于排除逻辑关系为“或”的控制电路触点被短路的故障。

5）分区分段法

对于因故障造成对地短路的电路，保护电路熔断器的熔体必然熔断。这时可以在切断电源的情况下，使用万用表的电阻挡按分区、分段的方法进行全面测量检查，找出对地短路点。也可以利用熔断器作为辅助的检查方法，此方法就是把好的熔断器安装上，然后分区、分段送电，查看熔断器是否烧毁。

采用分区分段法检查对地短路的故障，可以很快地把发生故障的范围缩到最小。然后再断开电源，用万用表电阻挡找出对地短路点，把故障排除。

查找电梯电气控制电路故障的方法主要有上述 5 种，此外还有替代法、电流法、低压灯检测法和铃声检测法等，本书不作详细介绍。

任务二　电梯主电源回路故障诊断与排除

一、电梯电气控制柜简介

电梯电气控制柜，是把各种电子器件和电气元件安装在一个有安全防护作用的柜形结构内的电控装置，也称为电梯中央控制柜。

电梯电气控制柜是用于控制电梯运作的装置，一般放置在电梯机房内；无机房的电梯电气控制柜放置在井道。电梯电气控制柜通常由钣金框架结构、螺栓拼装组成，其中钣金框架尺寸须统一，并能够用塑料销钉很方便地挂上、取下；正面的面板装有可旋转的销钩，构成可以锁住的转动门，以便从前面接触到装在控制柜内的全部元器件，使控制柜可以靠近墙壁安装。常用的电梯电气控制柜有双门和三门两种。

本任务主要介绍亚龙 YL－777 型电梯电气控制柜，其结构如图 9－2 所示，其主要的电气元件如表 9－1 所示。

图 9－2　YL－777 型电梯电气控制柜

表 9－1　YL－777 型电梯电气控制柜主要电气元件一览表

序号	名称	符号	型号/规格	单位	数量	功能
1	断路器	NF1	AC 380 V	个	1	控制主变压器输入电源
2	断路器	NF2	AC 220 V	个	1	控制开关电源输入及 201、202 输入端

续表

序号	名称	符号	型号/规格	单位	数量	功能
3	断路器	NF3	AC 110 V	个	1	控制 AC 110 V 桥式整流输入端电源
4	断路器	NF4	DC 110 V	个	1	控制 DC 110 V 输出电源
5	相序继电器	NPR	—	个	1	断相、错相保护
6	主变压器	TR1	—	个	1	控制系统电压分配及电源隔离
7	整流桥	BR1	—	个	1	将交流电转变为直流电源
8	安全接触器	JDY	—	个	1	在电气控制上保障电梯安全运行
9	开关电源	SPS	—	个	1	向信号控制系统提供 DC 24 V 电源
10	抱闸接触器	JBZ	—	个	1	保证电梯安全运行、控制抱闸线圈工作状态
11	门锁接触器	JMS	—	个	1	确保电梯在所有的厅门、轿门已关闭好时才能安全运行
12	电源接触器	MC	—	个	1	控制变频器 AC 380 V 输入电源
13	控制主板	MCTC - MCB	—	块	1	电梯信号控制系统主板
14	锁梯继电器	JST	—	个	1	电梯停用时锁梯
15	运行接触器	CC	—	个	1	决定电梯曳引主机控制电路的工作状态
16	变频器	INV	—	个	1	曳引电动机速度控制
17	电话机	FDH	—	个	1	与轿顶、底坑的通信联络
18	排风扇	FAN1	—	个	1	控制柜散热
19	检修转换开关	INSM	—	个	1	电梯运行状态转换
20	急停开关	EST1	—	个	1	安全保护
21	检修上行按钮	CICU	—	个	1	检修状态时点动上行
22	检修下行按钮	CICD	—	个	1	检修状态时点动下行

1. 控制柜电源电路

电气控制柜电源电路如图 9 - 3 所示，其工作原理如下：

（1）由机房电源箱送来的 380 V 三相交流电其中两相经断路器 NF1 控制，一路送至相序继电器（另一相线 T 直接送达相序继电器），一路送至主变压器 380 V 输入端。经主变压器降压后，分为 AC 110 V、DC 110 V 和 AC 220 V 三路输出。AC 110 V 经断路器 NF3 控制后，作为电源接触器、门锁接触器、抱闸接触器、运行接触器线圈电源输出；DC 110 V 经断路器 NF4 控制后，流经运行接触器动合触点 13 和抱闸接触器动合触点 4 后，作为抱闸装

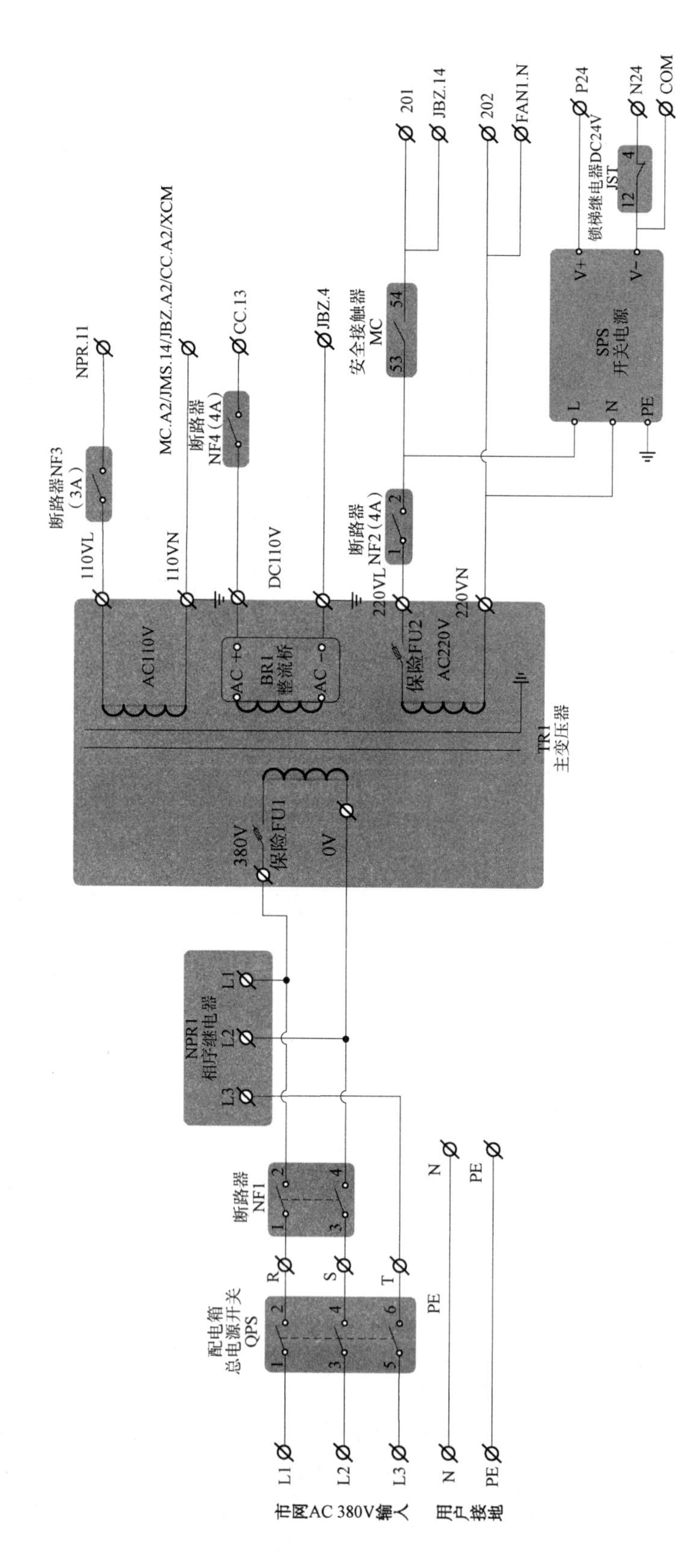

图 9－3 电气控制柜电源电路

置电源输出；AC 220 V 经断路器 NF2 控制后，分成两路，一路送入开关电源，一路经安全接触器动合触点后，分别作为光幕控制器、门电动机控制器和排风扇电源输出。

（2）AC 220 V 经开关电源整流降压后输出 DC 24 V，经锁梯继电器动开触点控制，作为微机主控制板电源、楼层显示器电源以及各控制信号电路电源输出。

2. 控制柜典型故障诊断与排除

1）安全接触器回路故障

安全门锁回路（图 9 – 4）故障。

（1）故障现象：安全接触器没有吸合。

（2）故障可能原因：

①安全接触器线圈损坏；

②安全回路断开；

③相序继电器故障；

④断路器 NF3 损坏；

⑤变压器未能输出 110 V 交流电。

（3）排查方法：

①断开电源总开关，用万用表交流电压挡检测电源是否完全断开，然后用万用表欧姆挡测量安全接触器线圈阻值。若线圈阻值正常，不是零或无穷大，则说明线圈没问题。

②用万用表通断挡检测相序继电器“14”接线端和安全接触器“A1”接线端的通断情况。如果电路导通，则表明安全回路没有断开点。

③打开电源总开关，观察相序继电器是否工作正常，如果相序继电器亮绿灯，则表明相序继电器工作正常，排除相序继电器损坏或者供电错相、断相和供电电路不通等故障。

④用万用表交流电压挡测量断路器“NF3/1”接线端和变压器“110 VN”接线端的电压，结果电压为零，则判断变压器未能输出 110 V 交流电至断路器 NF3。经检查，发现故障原因是变压器的“110 VL”接线端接触不良，造成安全回路的电压不正常，安全接触器不吸合。

⑤紧固变压器引出的“110 VL”接线端，安全接触器吸合，故障排除。

2）锁梯继电器故障

（1）故障现象：电梯内外呼系统和楼层显示器均无显示。

（2）故障可能原因：

① DC 24 V 供电端子“P24”“N24”接线不牢、脱落等；

② 锁梯继电器动作；

③ 锁梯继电器故障；

④ 开关电源无 DC 24 V 电源输出。

（3）排查方法：

①断开电源总开关，用万用表交流电压挡检测电源是否完全断开，然后检查控制柜“P24”“N24”接线端子接线是否牢固。

②恢复通电，用万用表直流电压挡测量“P24”和“N24”端子的电压。

③用万用表直流电压挡测量开关电源“V +”和“V –”端子，电压显示为 24 V，说明开关电源输出正常。

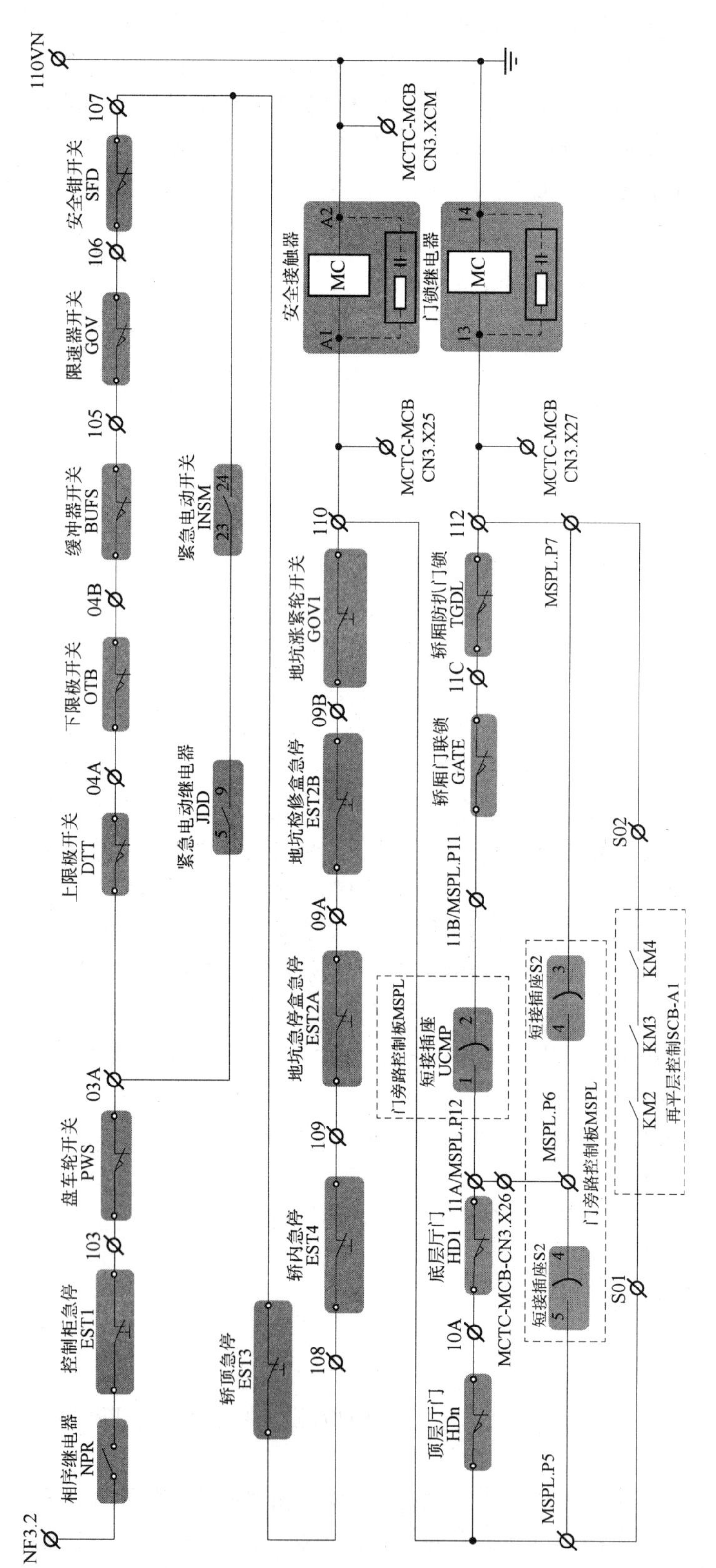

110VN
NF3.2
相序继电器 NPR
控制柜急停 EST1
103
盘车轮开关 PWS
03A
上限极开关 DTT
04A
下限极开关 OTB
04B
缓冲器开关 BUFS
105
限速器开关 GOV
106
安全钳开关 SFD
107
紧急电动继电器 JDD 5 9
紧急电动开关 INSM 23 24
轿顶急停 EST3
108
轿内急停 EST4
109
地坑急停盒急停 EST2A
09A
地坑检修盒急停 EST2B
09B
地坑涨紧轮开关 GOV1
110
MCTC-MCB CN3.X25
安全接触器
A1
MC
A2
MCTC-MCB CN3.XCM
门锁继电器
13
MC
14
MCTC-MCB CN3.X27
112
轿厢防扒门锁 TGDL
11C
轿厢门联锁 GATE
11B/MSPL.P11
门旁路控制板MSPL
短接插座 UCMP 1 2
11A/MSPL.P12
底层厅门 HD1
10A
顶层厅门 HDn
MCTC-MCB-CN3.X26
MSPL.P7
短接插座S2 4 3
MSPL.P6
门旁路控制板MSPL
短接插座S2 5 4
MSPL.P5
S01
S02
KM2 KM3 KM4
再平层控制SCB-A1

图 9－4 安全门锁电路

④观察锁梯继电器是否动作，如果锁梯继电器亮绿灯，则表明锁梯继电器动作；若锁梯继电器指示灯不亮，则表明锁梯继电器未动作，排除因锁梯开关动作而引起锁梯继电器动作。

⑤观察锁梯继电器接线是否正确，若发现锁梯继电器接线错误，则常闭触点与常开触点接反，造成锁梯继电器处于断路状态，DC 24 V 无法输送至“N24”接线端，造成楼层显示器和内外呼系统无电源供电。

⑥调换常开和常闭触点接线后，电梯恢复正常。

3. 主变压器故障

（1）故障现象：安全接触器、门锁接触器均为吸合，控制主板指示灯都不亮。

（2）故障可能原因：

①无市电 AC 380 V 三相交流电输入；

②配电箱总电源开关损坏；

③断路器 NF1 损坏；

④主变压器出现故障。

（3）排查方法：

①用万用表交流电压挡测量总电源开关“1”“3”“5”接线端，若发现各相电压正常，则表明市网输入电压正常。

②用万用表交流电压挡测量总电源开关“2”“4”“6”接线端，若发现各相电压正常，则表明总电源开关工作正常。

③用万用表交流电压挡测量主变压器输入端电压，若电压显示为 380 V，则表明主变压器电源输入正常。

④ 用万用表交流电压挡分别测量主变压器 AC 110 V 输出端、DC 110 V 输出端和 AC 220 V 输出端，若发现电压为零，则说明主变压器工作异常，出现故障。经检查发现保险管 FU1 损坏，更换保险管后，电梯恢复正常。

任务三　电梯控制信号故障诊断与排除

一、电梯的微机控制电路

1. 主控板输入接口

本书针对 YL－777 型电梯的控制电路进行分析，该电梯采用 NICE1000 一体化控制柜系统，主控板有 27 个输入接口（X1～X27），20 个按钮信号采集口（L1～L21），每个接口都带有指示灯，当外围输入信号接通时或按钮输入信号接通时相应的指示灯（绿色 LED 灯）亮。YL－777 型电梯主控电路图如图 9－5 所示，主控板输入接口作用如表 9－2 所示，主控板按钮信号采集接口如表 9－3 所示。

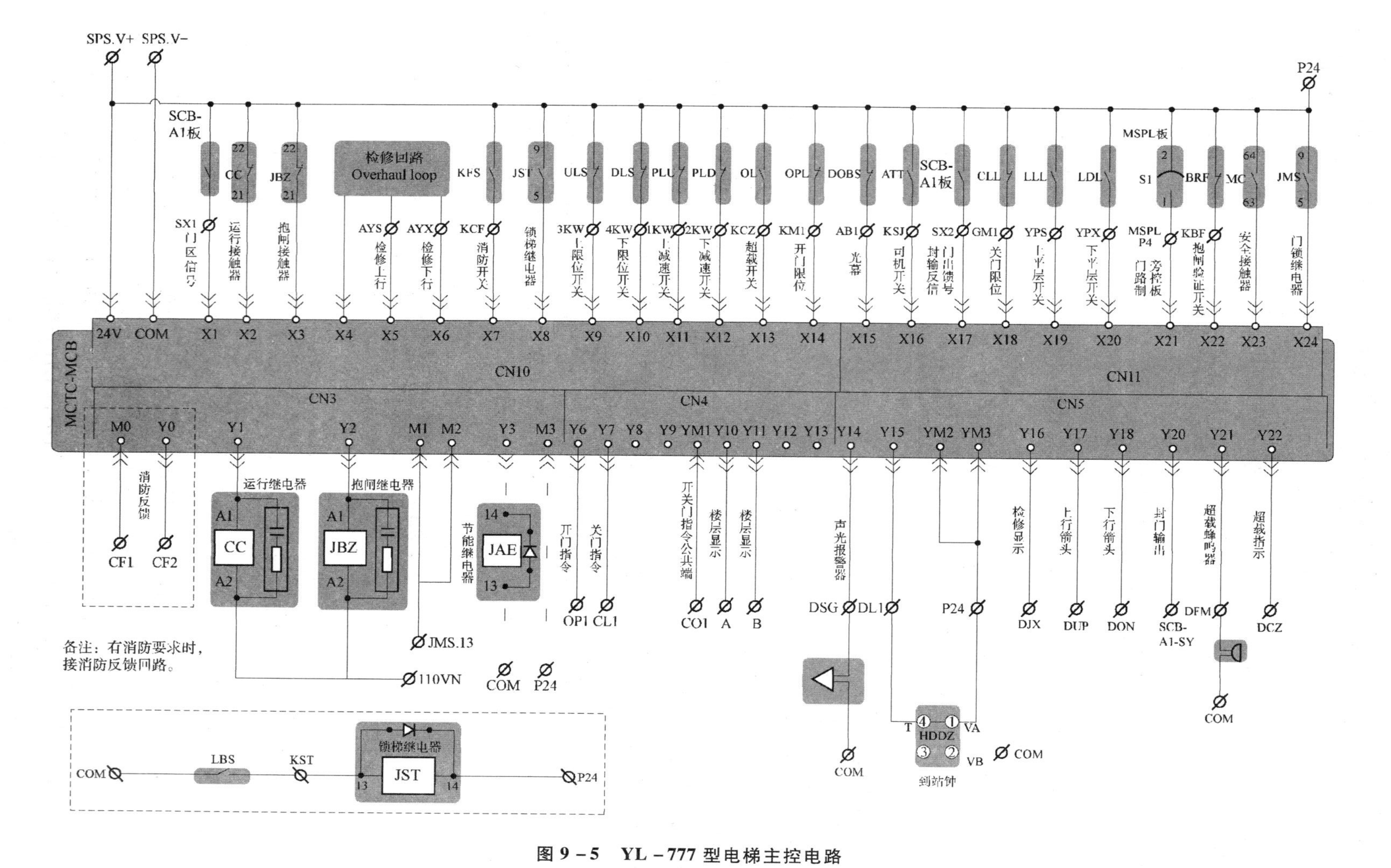

图 9－5　YL－777 型电梯主控电路

表 9－2 主控表输入接口作用

接口	作用	接口	作用	接口	作用
X1	门区信号	X10	下限位开关信号	X19	上平层开关信号
X2	运行输出反馈信号	X11	上强迫减速信号	X20	下平层开关信号
X3	抱闸输出反馈 1 信号	X12	下强迫减速信号	X21	门旁路控制板
X4	检修信号	X13	超载信号	X22	抱闸验证开关信号
X5	检修上行信号	X14	开门限位信号	X23	安全接触器信号
X6	检修下行信号	X15	光幕信号	X24	门锁继电器信号
X7	一次消防信号	X16	司机开关信号	X25	安全回路导通信号
X8	锁梯信号	X17	封门输出反馈信号	X26	厅门锁回路信号
X9	上限位开关信号	X18	关门限位信号	X27	轿门锁回路信号

表 9－3 主控板按钮信号采集接口作用

接口	作用	接口	作用	接口	作用
L1	开门按钮信号	L8	未使用	L15	未使用
L2	关门按钮信号	L9	未使用	L16	2 楼下行按钮信号
L3	内呼 1 楼按钮信号	L10	1 楼上行按钮信号	L17	未使用
L4	内呼 2 楼按钮信号	L11	未使用	L18	未使用
L5	未使用	L12	未使用	L19	未使用
L6	未使用	L13	未使用	L20	未使用
L7	未使用	L14	未使用	L21	未使用

2. 主控板输出接口

YL－777 型电梯主控板有 23 个输出接口（Y0～Y22），其作用如表 9－4 所示。同样，每个输出接口带有指示灯，当系统输出时，相应的指示灯（绿色 LED 灯）亮。

表 9－4 主控板输入接口作用

接口	作用	接口	作用	接口	作用
Y0	未使用	Y8	未使用	Y16	检修显示输出
Y1	运行接触器输出	Y9	未使用	Y17	上行箭头显示输出
Y2	抱闸接触器输出	Y10	1 楼楼层显示信号	Y18	下行箭头显示输出
Y3	节能继电器输出	Y11	2 楼楼层显示信号	Y19	未使用
Y4	未使用	Y12	未使用	Y20	封门指示输出
Y5	未使用	Y13	未使用	Y21	超载蜂鸣器输出
Y6	开门指令	Y14	声光报警器	Y22	超载显示输出
Y7	关门指令	Y15	到站钟输出		

另外，M1、M2、M3 接口与节能继电器输出 Y3 形成控制闭环回路；YM1 与楼层显示信号 Y10 和 Y11 形成控制闭环回路；YM2、YM3 和到站钟控制信号 Y15 形成控制回路。

二、电梯微机控制电路典型故障诊断与排除

1. 故障一

（1）故障现象：电梯能选层呼梯，但关好门之后不运行，并且反复开关门。

（2）故障分析：电梯能正常选层和呼梯，并且能正常开关门，但不能运行。可见微机控制的内外呼部分正常、门电动机系统正常，应该外围还有条件没达到（未收到反馈）。仔细观察微机主板的输入接口，如 X23、X24、X26、X27 等输入口是否正常，还可以观察主板是否有故障码显示。

（3）检修过程：仔细观察主板的各个输入接口是否正常（看其相应的输入指示灯）。重点观察当门关好后，JMS 门锁继电器是否已经吸合，如果吸合，再观察主板的输入接口 X23、X24、X26、X27 是否正常。

最后发现在 JMS 门锁继电器吸合的情况下，X24 输入指示灯仍然没有点亮，电路如图 9-6 所示，经检测 JMS 门锁继电器的触点接触不良，更换新继电器后故障消除。

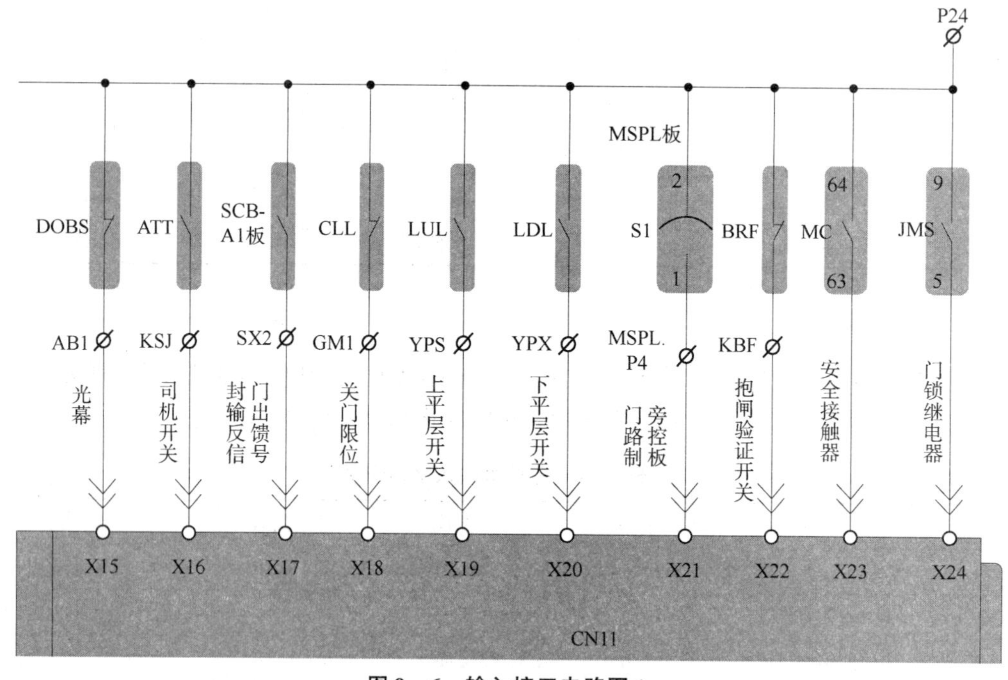

图 9-6　输入接口电路图 1

2. 故障二

（1）故障现象：电梯能运行，但是到达目的楼层平层停车后，门只开了一条小缝就不继续开门了。

（2）故障分析：电梯能运行，但是开关门不正常，可见开关门系统有故障。门只开了一条小缝，说明主板发出了开门指令，门电动机也能执行开门动作，但是后面的执行过程没

完成，所以应该重点检查微机主板与门电动机板之间的指令及应答过程（微机主板的 Y6、Y7、X14、X18 接上）是否正常。

（3）检修过程：仔细观察微机的输入与输出指示灯，发现 X14（开门到位）的指示灯一直没亮过，所以用万用表检查 KM1 这个端子的引线是否存在断线的问题，电路如图 9－7 所示。

最后发现是机房控制柜上的 KM1 端子的接线接触不良，重新处理后故障消除。

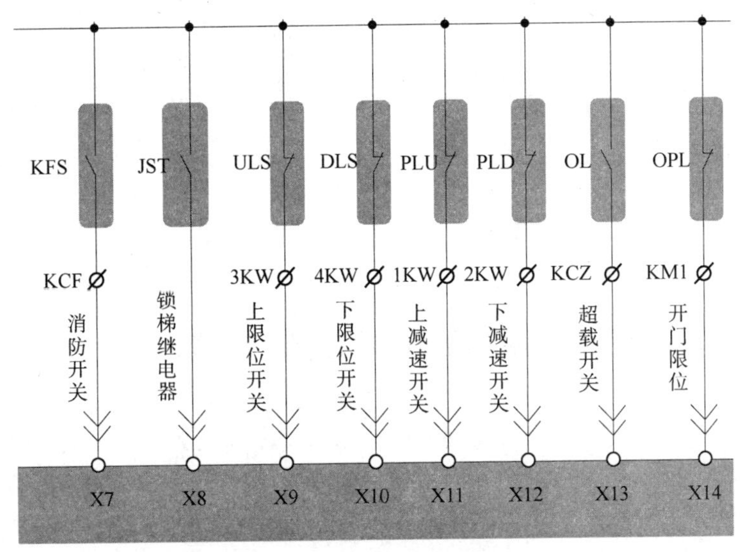

图 9－7　输入接口电路图 2

任务四　电梯开关门控制电路的故障诊断与排除

一、电梯开关门控制电路

电梯开关门控制电路是门电动机板与微机主板的通信纽带，如果该电路出现问题，会导致电梯不能正常开关门，从而造成轿厢困人或轿门夹人的事故。电梯的自动开关门系统由开关门控制系统（门电动机板）、开关门电动机（简称门电动机）和开关门按钮、开关门位置检测开关和保护光幕等组成。

开关门控制电路采用变频门电动机作为驱动轿门开关的原动力，由门电动机专用变频控制器（VVVF）控制门电动机的正、反转，减速和力矩保持等功能，微机主板根据电梯运行的需要，适时向门电动机板发出开关门信号，门电动机变频控制器接收到微机主板发出的开关门指令信号后，根据内部的程序、开关门位置检测和门电动机专用位置编码器等信号控制门电动机的正、反转，进行运行速度控制和停机，实现自动平稳调速和门电动机逻辑控制；门电动机控制器向微机主板反馈开关门限位信号，确保轿门开关准确到位，防止微机主板反复发出开关门指令，造成开关门故障。电梯开关门控制电路图如图 9－8 所示，其中，“L”和“N”端子向门电动机控制器提供 AC 220 V 电源。

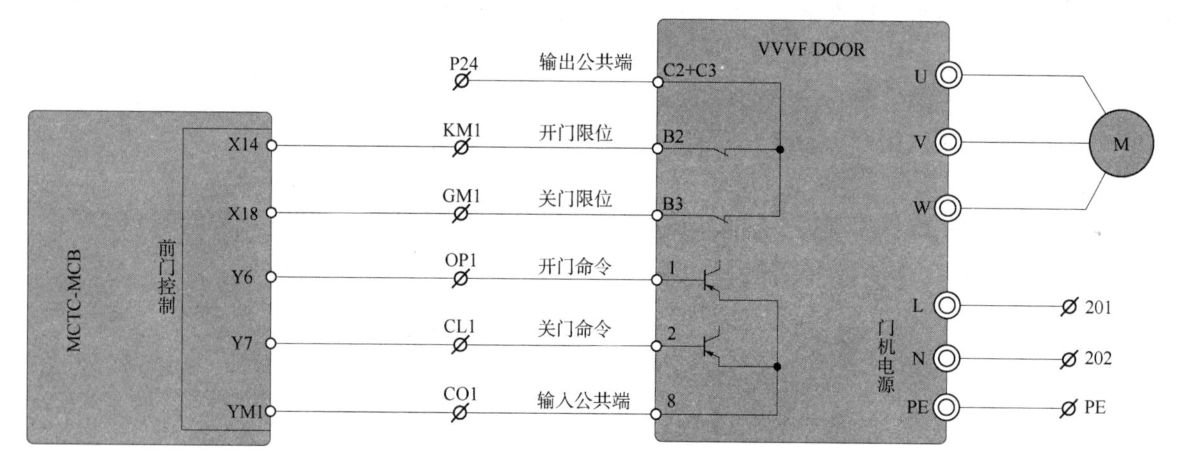

图 9-8　电梯开关门控制电路图

二、电梯开关门控制电路典型故障的诊断与排除

1. 故障一

（1）故障现象：有开门指令输入门电动机变频驱动板，但门电动机无动作。

（2）故障分析：是否有指令输入门电动机变频驱动板对于判别故障很关键，若无指令进入，则故障跟门电动机板和门电动机都没关系，要看微机主板 Y6、Y7 指示灯是否亮（如果指示灯一直没亮，则检查电梯信号控制电路；如果指示灯亮，则检查微机主板到门电动机变频驱动板之间的连线）；如果有开关门指令输入门电动机变频驱动板，即门电动机变频驱动板上开关门输入指示灯亮，那故障就和门电动机变频驱动板输出及门电动机有关。

（3）检修过程：因为有指令输入，所以重点检查门电动机变频驱动板输出的三相电源线、门电动机是否正常，电路如图 9-9 所示。

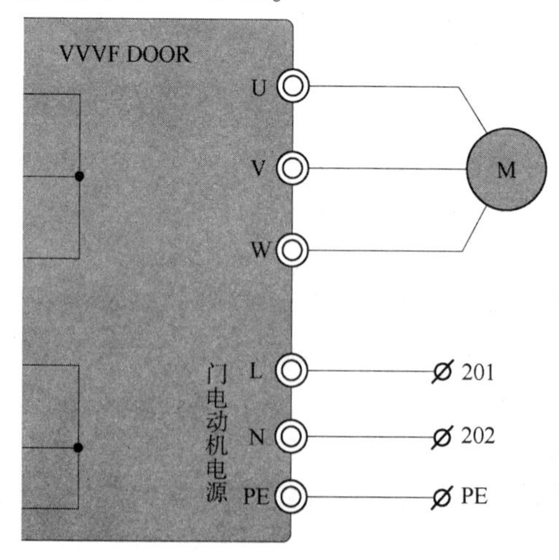

图 9-9　门电动机供电电路

断开门电动机板电源，用万用表电阻挡对门电动机板的三相输出电源线和门电动机三相绕组的电源端子进行检测，看其三相绕组阻值是否平衡。最后发现是 W 相电源线存在断路现象，更换同规格的新线后电梯恢复正常。

2. 故障二

（1）故障现象：门电动机变频控制板没有开门指令输入，电梯到站平层后不开门是否正常。

（2）故障分析：门电动机不开门的故障原因很多，可通过看相应的指示灯大致判断出故障出自何处。就本例而言，由于门电动机板没有开门指令输入，这就要看微机主板是否有指令发出，即看 Y6 指示灯是否亮；如果 Y6 指示灯不亮，表示不属于轿厢控制电路故障，可能是微机主板和电梯控制信号电路出现问题；如果 Y6 指示灯亮，表示微机主板发出了开门指令，而门电动机变频驱动板没有相应的开门指令输入，所以故障应该出自指令电路，电路如图 9 - 10 所示。

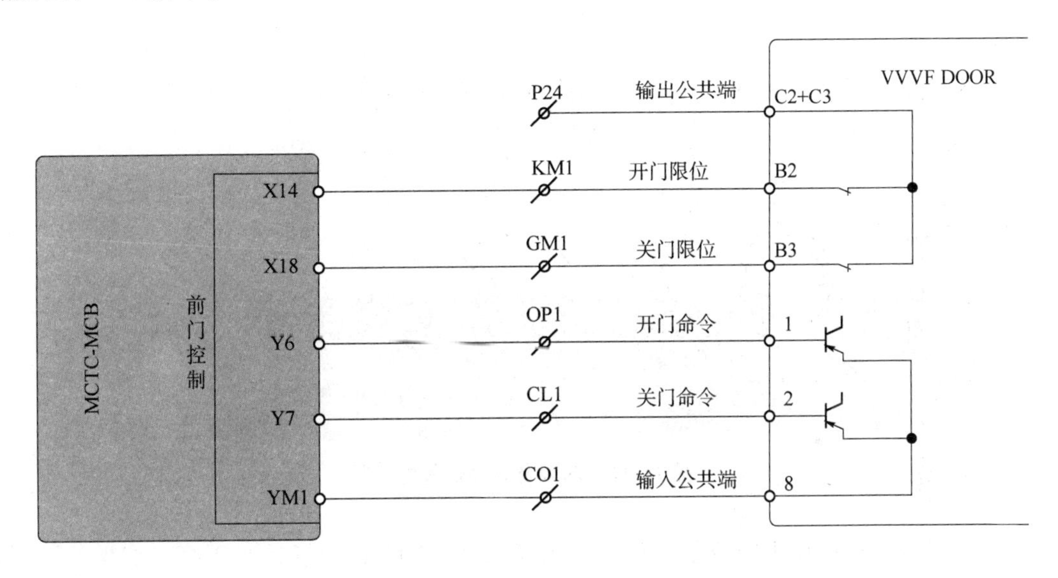

图 9 - 10　电梯开关门控制指令电路

（3）检修过程：在机房控制柜上观察微机主板已发出开门指令（Y6 指示灯亮），在门电动机变频驱动板上观察没有开门指令输入，所以主要检查传送指令的回路。断开主电源，用万用表电阻挡检查机房侧的 OP1、COO 电路这两条传送电缆是否断路，先检查机房侧的电路是否有问题，如正常再检查轿顶侧的 OP1、COO 电路是否正常，如都正常则要检查随行电缆。检查两条随行电缆通断的方法是：把机房控制柜侧的 OP1 从原端子上卸下，然后短接 OP1 到接地桩上，这时在轿顶上可用万用表检测门电动机变频驱动器侧的 OP1 与轿顶的接地线的回路电阻，如果其电阻值很小，则正常；如果为无穷大，则存在断路，应该换备用线。用同样方法可检测 CO1 这条电缆。

最后检测发现是轿顶侧的门电动机板相应的接线端子虚接了，重新接好后电梯恢复正常。

3. 故障三

（1）故障现象：平层后轿门能打开，但不关门。

（2）故障分析：能开门但不能关门就说明门电动机变频输出回路正常的，首先看有没有导致不能关门的信号影响，如是否在超载状态下、光幕是否有阻挡、开门按钮是否被卡住，如果没有这些影响，微机主板应该在开门后延时几秒就发出关门指令（Y7 指示灯亮），门电动机就响应关门。超载及光幕信号电路图如图 9－11 所示，开门按钮信号电路图如图 9－12 所示。

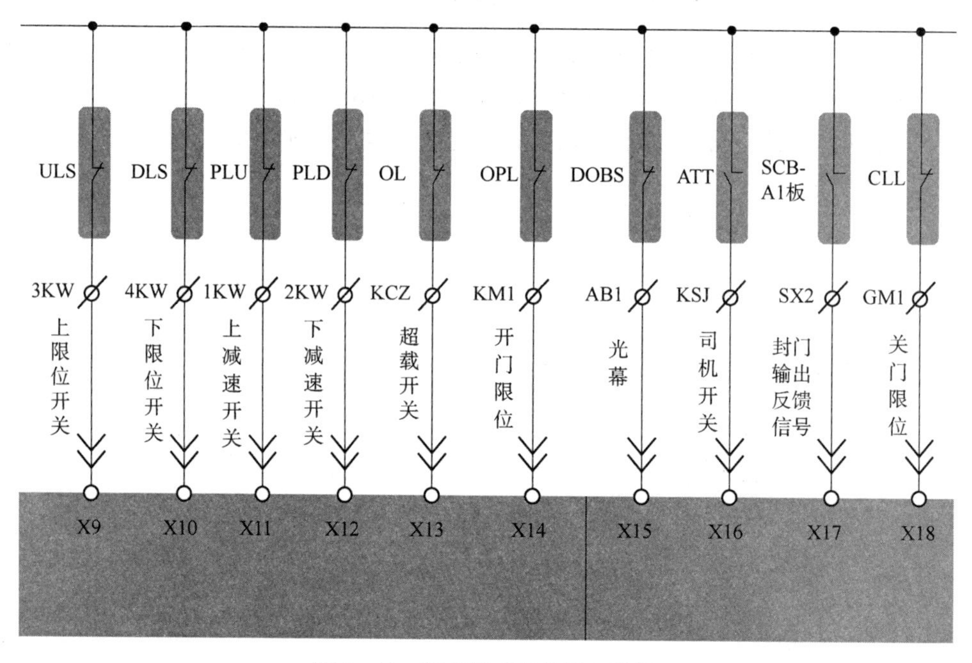

图 9－11　超载及光幕信号电路图

（3）检修过程：在机房控制柜观察超载输入灯（X13 指示灯）是否亮，如果不亮则再观察光幕保护输入灯（X15 指示灯）是否亮，如果还没亮则再观察开门按钮输入灯（L1 指示灯）是否常亮。结果发现是开门按钮信号一直有（L1 指示灯常亮），到轿厢里发现开门按钮的触点粘连了，重新更换开门按钮，电梯恢复正常。

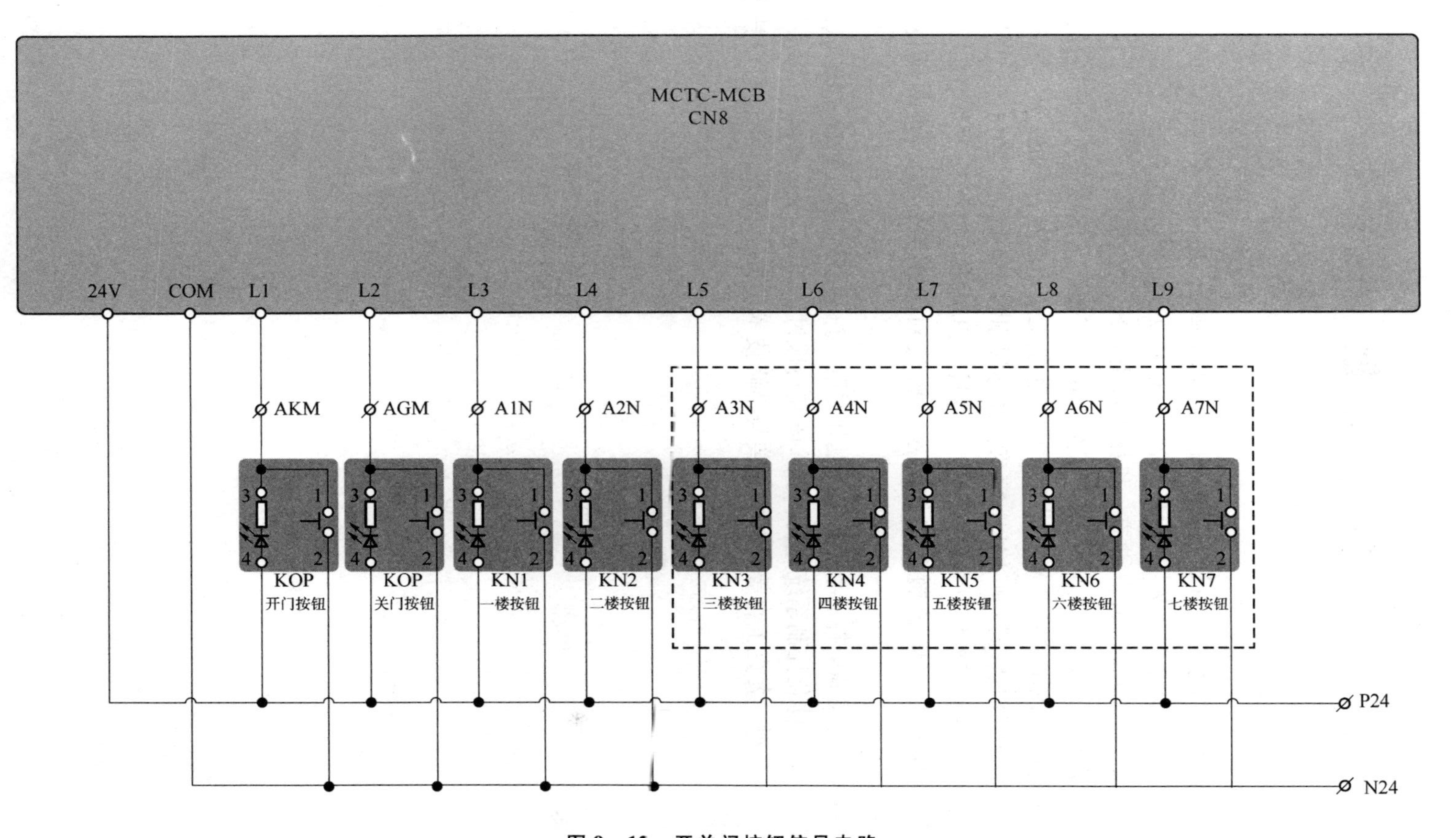

图 9－12　开关门按钮信号电路

参考文献

[1] 李乃夫. 电梯维修与保养 [M]. 北京：机械工业出版社，2014.
[2] 李乃夫. 电梯结构与原理 [M]. 北京：机械工业出版社，2014.
[3] 李乃夫. 电梯实训 60 例 [M]. 北京：机械工业出版社，2016.
[4] 陈路兴，袁建锋，黄福强. 电梯维修与保养 [M]. 广州：华南理工大学出版社，2015.
[5] 芮静康. 电梯电气控制技术 [M]. 北京：中国建筑工业出版社，2005.
[6] 顾德仁. 电梯电气构造与控制 [M]. 南京：江苏凤凰教育出版社，2018.
[7] 丁磊. 电梯电气控制与维修 [M]. 北京：高等教育出版社，2012.
[8] 邵犇. 对电梯检验之中控制系统的问题及解决对策探究 [J]. 河南科技，2014，02 (25):82.
[9] 陈俊良. 浅析电梯检验中控制系统常见问题和对策 [J]. 电子制作，2015，12 (18):228.
[10] 黄金伟. 电梯一体化控制系统探讨 [J]. 研究与探讨，2016 (2)：144.
[11] 庞振平，刘振刚，姜克玉，等. 电梯安装与维修技术 [M]. 郑州：河南科学技术出版社，2010.